Das professionelle 1x1

Daniela Schulz / Wolfgang Stoffel

99 Tipps für erfolgreiche Kundenbindung

Strategie

Werkzeuge

Ideen

Cornelsen

Verlagsredaktion: Ralf Boden
Technische Umsetzung: Verena Hinze, Essen
Umschlaggestaltung: Magdalene Krumbeck, Wuppertal
Titelfoto: © bille-fotodesign

Informationen über Cornelsen Fachbücher und Zusatzangebote:
www.cornelsen.de/berufskompetenz

1. Auflage

Druck: Druckhaus Thomas Müntzer, Bad Langensalza

ISBN 978-3-589-23516-2

Inhalt gedruckt auf säurefreiem Papier aus nachhaltiger Forstwirtschaft.

Vorwort

Es gibt nur einen Weg für ein erfolgreiches Unternehmen: viele glückliche, nicht nur zufriedene, sondern begeisterte Kunden.

Da ist wohl etwas Wahres daran! Unternehmenserfolg hängt unmittelbar davon ab, ob es gelingt, viele Kunden glücklich und zufrieden zu machen. Es ist nur die Frage, wessen es bedarf, um genau dies zu erreichen. Leider gibt es keinen Königsweg, der gleichsam als Formel vor uns liegt. Viele Parameter wie Branche, Produkte, Region, Unternehmensgröße, Unternehmensleitbild, finanziell nutzbare Ressourcen usw. gilt es zu berücksichtigen. Und selbst wenn diese Größen alle gleich sind, kommt es noch entscheidend auf die handelnden Personen an. Wie mutig, engagiert, zukunftsorientiert, schnell handelnd, eloquent, verhandlungssicher usw. sind die Entscheider im Unternehmen? Schon aus dieser unvollständigen Aufzählung ersehen Sie, dass der Erfolg eines Unternehmens nicht mit dem Rechenschieber steuerbar ist – und wenn dann erst noch die Kunden dazukommen, ist es mit der Berechenbarkeit ganz aus.

Aus diesem Strauß von Ansatzpunkten möchten wir uns „lediglich" an der Schnittstelle des Unternehmens zu seinen Kunden bewegen und herausfinden, wie die Menschen in einem Unternehmen handeln sollten, damit sich der Kunde glücklich und zufrieden fühlt; denn dann arbeiten Sie in einem erfolgreichen Unternehmen.

Obwohl wir sehr wohl wissen, dass die moderne Betriebswirtschaftslehre genaue Definitionen führt, möchten wir zwei Begriffe innerhalb dieses Buches etwas anders handhaben. Wir versprechen uns davon eine einfachere Lesbarkeit, weil nicht unbedingt alle Leser mit den Definitionen so eng vertraut sind.

Daher wollen wir hier unter dem Begriff Marketing diejenigen Elemente von Aktivitäten zur Kundengewinnung verstehen, die keine Rückmeldung der Zielperson zulassen. Dazu gehören Annoncen, Plakatierungen und Ähnliches. Wo es jedoch zur Interaktion zwischen Käufer und Verkäufer kommt, reden wir von Verkauf.

Und wo wir schon bei der Einfachheit des Lesens sind, hier noch ein Hinweis. Wir verzichten darauf, weibliche Kunden, Kundinnen eben, explizit anzusprechen; sie bleiben Kunden. Genauso verfahren wir mit Verkäufern, Lesern und auch den anderen Menschen oder Gegenständen, die es zwar verdient hätten, auch in der weiblichen Form angesprochen zu werden, dies aber eher zur Verwirrung führt als der Klarheit dient.

Da die Planung und Einführung von Kundenorientierung Aufgabe des Managements ist, werden hier vielfach Führungskräfte angesprochen. Selbstverständlich sind aber auch alle Verkäufer, Außendienst- und Servicemitarbeiter aus dem operativen Bereich zum Lesen eingeladen – es ist schließlich immer gut, sich Hintergründe und Zusammenhänge zu erschließen.

Es liegt in der Natur der Sache, dass Sie hier viele Tipps finden werden, die Sie auch in einem Verkaufsratgeber lesen könnten. Denn letztlich gilt: Nur erfolgreiche Verkäufer haben auch erfolgreiche und zufriedene Kunden.

im Winter 2009 / 2010

Daniela Schulz
Wolfgang Stoffel

Inhaltsverzeichnis

Teil A Was es bedeutet, sich an Kunden zu orientieren

Tipp 1 Warum Kundenorientierung kein alter Wein in neuen Schläuchen ist

Servicewüste Deutschland

Bereits vor Jahren bemängelte der Spiegel, dass Deutschland eine Servicewüste sei. In der Folge nahm sich auch der Focus dieses Themas an. Seit dieser Zeit ist der Begriff der Servicewüste Deutschland sprichwörtlich geworden – und das war Mitte der 1990er-Jahre! Was hat sich seitdem getan?

Bis auf die Tatsache, dass jeder das Wort im Munde führt und jeder Verantwortliche bei dem Thema immer auf die anderen zeigt, leider nicht viel. Wir scheinen nicht dazuzulernen. Noch immer steht nicht der Kunde im Fokus, sondern für die Vorstände der Gewinn, für die Verkäufer das Produkt, für die Hersteller der Herstellungsprozess, für die Inhaber/ Aktionäre die Rendite und für die Verwaltung sie selbst. Jeder sieht nur seinen abgegrenzten Bereich und das muss er ja auch – aber eben nicht nur! Viele vergessen über die Gedanken, die sie sich täglich im Geschäft machen, dass dies alles nur einem Zweck dient, nämlich dass irgendwo auf der Welt Kunden ihr Angebot wahrnehmen oder ihr Produkt kaufen. Und all das, was der Vorstand, der Verkäufer, der Hersteller, der Inhaber und der Verwaltungsleiter tun, nur deswegen geschieht, weil es eben diese Kunden gibt. Und nebenbei sind es genau diese Kunden, die das Geld zur Verfügung stellen, mit dem alle (!) Mitarbeiter des Unternehmens entlohnt werden. Ohne Kunden gäbe es das Unternehmen gar nicht. Was liegt da näher, als alles zu tun, um diese Kunden gut zu bedienen?

Kundenorientierung war schon im 12. Jahrhundert ein Thema

Aber Gott sei Dank (oder leider) sind wir nicht die Ersten, die nicht dazulernen. Bereits im 12. Jahrhundert hat der Mönch Hans Heinrich Path im Kloster Eismar zu Papier gebracht, was wir uns alle zu Herzen nehmen sollten:

„Der Kunde ist die wichtigste Person in einem Betrieb. Er ist nicht von uns abhängig, sondern wir von ihm. Er bedeutet keine Unterbrechung unserer Arbeit, sondern er ist ihr Inhalt. Der Kunde ist eine Person, die uns ihre Wünsche mitteilt. Unsere Aufgabe ist es, diese Wünsche zu seiner und zu unserer Zufriedenheit auszuführen."

Und weil wir nicht dazulernen, ist es auch nicht weiter verwunderlich, dass wir im „Deutschen Kundenbarometer", das die Verbraucherzufriedenheit misst, jedes Jahr immer weiter abrutschen. Das einzige Glück, das wir haben, ist, dass alle um uns herum die gleichen Fehler machen.

Ach, und bitte nehmen Sie sich kein Beispiel an dem ein oder anderen Leiter von erfolgreichen Großunternehmen. Wahrscheinlich erinnern Sie sich noch an den Frankfurter Baulöwen Jürgen Schneider, dessen Immobilienimperium im Jahre 1994 zusammenbrach. Unter anderem, weil die DEUTSCHE BANK viel zu sorglos bei der Prüfung der von Schneider eingereichten Unterlagen war und viele Projekte ungeprüft mit Krediten ausstattete – teilweise auf der Basis von zu erwartenden Einnahmen für Mietraum, der nie gebaut worden war. In der Folge blieben die vielen kleinen und mittleren Unternehmen, die für Schneider gearbeitet hatten, ohne Geld und ohne weitere Aufträge.

Und als nun diese kleinen und mittelständischen Unternehmer wagten, auch die DEUTSCHE BANK für die gemachten Fehler und das große Chaos, das nun folgte, in die Verantwortung nehmen zu wollen, bezeichnete der damalige Vorstandsvorsitzende der DEUTSCHEN BANK, Hilmar Kopper, die vielen offenen Rechnungen in Höhe von ca. 50 Millionen DM vor laufenden Kameras als *„Peanuts"* und fügte noch ergänzend hinzu, nicht der Meinung zu sein, dass es die primäre Aufgabe eines Vorstandsvorsitzenden der Deutschen Bank sei, den Kunden zu sehen – schade eigentlich. Nebenbei avancierten die *„Peanuts"* dann zum Unwort des Jahres 1994.

Richten Sie Ihr gesamtes Tun und Lassen auf Ihre Kunden aus

Wenn Sie dagegen Kundenorientierung wirklich ernst nehmen, dann wird Ihr Unternehmen auch erfolgreich sein. Und Kundenorientierung bedeutet, dass Sie alle Ihre Prozesse, Ihr ganzes Tun und Lassen und alle Ihre Ideen immer und immer wieder daraufhin prüfen sollten, ob dies irgendetwas mit Ihren Kunden zu tun hat. Und wenn Sie bei dieser Prüfung feststellen, dass Ihre aktuelle Tätigkeit nichts mit Ihren Kunden zu tun hat, sollten Sie gleich überlegen, warum Sie diese Aufgabe trotzdem durchführen wollen.

Füllen Sie Ihren Tag nicht mit vor diesem Hintergrund sinnfreien Tätigkeiten, lassen Sie sich nicht zum willenlosen Sklaven von Verwaltungsakten machen, tun Sie Dinge nicht, weil sie immer schon getan worden sind.

PRÜFEN SIE KONSEQUENT, WAS IHR AKTUELLES TUN MIT IHREN KUNDEN ZU TUN HAT.

Das ist der erste Schritt zur Kundenorientierung und ein weiterer Schritt für eine erfolgreiche Zukunft.

Woran liegt es wohl, dass Deutschland eine Servicewüste ist? Sicher an der großen Kluft zwischen Anspruch und Wirklichkeit. Vielleicht sind wir ab und zu bei der Kundenfreundlichkeit angelangt, mehr jedoch nicht.

WIE FREUNDLICH SIND SIE UND IHRE MITARBEITER WIRKLICH IM TAGESGESCHÄFT ZU IHREN KUNDEN?

Tipp 2 Orientieren Sie sich am Bedarf Ihrer Kunden

Wir orientieren uns an unseren Kunden oder Interessenten. Das ist die erste grundlegende Betrachtung, die wir für dieses Buch benötigen (zweite grundlegende Betrachtung ▶ **TIPP 3**). Es scheint auf der Hand zu liegen, warum dies so wichtig ist:

Was zeichnet Ihr Angebot für Ihren Kunden aus?

- Warum sollte ein Kunde kaufen, wenn Sie Produkte oder Dienstleistungen anbieten, die er gar nicht benötigt?
- Warum sollte ein Kunde kaufen, wenn Sie Dinge anbieten, die er vielleicht benötigt, die aber noch außerhalb seines Interesses liegen?
- Warum sollte ein Kunde gerade bei Ihnen kaufen, wenn Sie nicht besser sind als Ihre Mitbewerber?

Im Rahmen Ihrer geschäftlichen Aktivitäten sind die Kunden der umworbene Teil. In aller Regel geht es darum, Ware oder Dienstleistung gegen Geld zu tauschen und derjenige, der das Geld hat, wird von demjenigen, der das Angebot macht, umworben. Geld scheint hier der Flaschenhals zu sein, um den sich viele Anbieter tummeln.

Dies gilt aber nicht in jeder Situation. Wer von Ihnen ein Ladenlokal betreibt, wird wissen, dass es Kunden gibt, die Sie finden, obwohl Sie sie gar nicht umworben haben. Sie sind einfach so in Ihr Geschäft gekommen.

Der Grund für diese Selbstständigkeit ist, dass der Kunde etwas Bestimmtes haben möchte. Und dafür gibt es nur zwei Gründe.

- MANGEL: Der Kunde empfindet einen mehr oder weniger akuten Mangel (▶ **TIPP 6**), dem er durch die Wahrnehmung Ihres Angebotes Abhilfe schaffen kann. Auf der Stufe der ganz existenziellen Grundbedürfnisse sind hier Hunger und Durst zwei ganz natürliche Verbündete aller Verkäufer. Diese Gefühle suchen gewissermaßen ganz von selbst nach Ausgleich. Einem Mangel muss mehr oder weniger schnell begegnet werden, wenn negative Folgeerscheinungen ausbleiben sollen.

Der Kunde empfindet einen Mangel

- WUNSCH: Der zweite Grund, etwas zu kaufen oder eine Dienstleistung in Anspruch zu nehmen, ist, dass der Kunde den Wunsch hat, ein bestimmtes Bedürfnis zu befriedigen, das seine Zufriedenheit oder Lebensqualität steigern kann und sich von Ihrem Angebot dahingehend einen Nutzen verspricht. Obwohl der Kunde bereits eine Jeans besitzt (also hier in Sachen Bekleidung keinen Mangel mehr erleidet), kauft er sich eine zweite.

Der Kunde verspürt einen Wunsch

Das Erleiden eines Mangels und der Wunsch, die Dinge für sich besser zu gestalten, sind zwar zwei unterschiedliche Motive, etwas zu kaufen, laufen aber auf eine einzige Erkenntnis für Sie als Verkäufer hinaus:

SIE MÜSSEN WISSEN, WELCHEN BEDARF IHR KUNDE HAT.

Mangel und Wunsch ergeben den BEDARF Ihres Kunden. BEDARF ist eines der Zauberworte, die Ihnen immer wieder begegnen, wenn Sie sich darum kümmern, wie Sie Kunden dazu bewegen können, bei Ihnen zu kaufen. Denn ohne Bedarf kein Kaufakt! Kein Kunde kauft etwas, wenn er nicht denkt, dass ihm dieses Produkt oder diese Dienstleistung einen NUTZEN (▶▶ **TIPP 2, 73, 74 UND 92**) bringen, einen Mangel abstellen oder einen Wunsch erfüllen werden.

Mangel und Wunsch ergeben den Bedarf Ihres Kunden

Ihre Antwort auf den Bedarf ist es, Nutzen für den Kunden zu schaffen

Der Kunde im Ladengeschäft oder der Besucher Ihrer Website kommt eigeninitiativ zu Ihnen. Er hat seinen Bedarf erkannt und darüber hinaus eine Vorstellung, wie er seinen Bedarf befriedigen kann – nämlich bei Ihnen. Bleibt noch ein Rest zu tun, nämlich der Austausch von Ware gegen Geld.

Oft müssen wir aber früher ansetzen, dann nämlich, wenn keiner oder zu wenige Kunden das Geschäft betreten. Dann müssen Sie einen Weg finden, potenzielle Interessenten zu motivieren, ihren Bedarf über Ihre Produkte oder Dienstleistungen zu stillen (▶▶ **Tipp 54 bis 57**). Und das ist deutlich schwieriger, als für einen Kunden im Laden das richtige Oberhemd zu finden.

Aber egal, an welcher Stelle Sie ansetzen möchten, eines benötigen Sie: Kenntnisse darüber, was Ihre zukünftigen Interessenten und Kunden eigentlich wirklich haben möchten. Ohne diese Kenntnisse werden Sie die falschen Werbebotschaften senden oder die falschen Produkte einkaufen oder auch die falschen Mitarbeiter beschäftigen. Falsch, weil Ihre Kunden andere Vorstellungen von der Gestaltung der eigenen Zukunft haben als Sie. Und Kundenwünsche sind meist nicht diskutierbar, sie sind einfach vorhanden.

Und weil Ihr Unternehmen nicht prosperieren kann ohne dieses Wissen um die Wünsche, Ziele und Vorstellungen Ihres Kunden, ist es so maßgebend, sich hier entsprechend auszukennen. Über 80 Prozent der Unternehmer in Deutschland behaupten zwar zu wissen, was ihre Kunden wünschen, haben jedoch niemals eine Kundenbefragung durchgeführt. Woher haben sie ihre Kundenkenntnis?

> *Und wann haben Sie Ihre letzte Kundenbefragung durchgeführt?*

Tipp 3 Bieten Sie Ihren Kunden Orientierung

Auch Ihre Kunden benötigen eine Orientierung hin zu Ihrem Unternehmen

Ihren Kunden Orientierung zu bieten ist die zweite Dimension des Themas „Kundenorientierung" (erste Dimension ▶ **Tipp 2**). Es ist ja nicht nur so, dass Sie sich an Ihren Kunden orientieren, sondern auch Ihre Kunden benötigen eine Orientierung hin zu Ihrem Unternehmen.

Sie orientieren sich an Ihren Kunden und Ihre Kunden orientieren sich an Ihnen.

Schon allein durch Ihre Firmierung bieten Sie eine Orientierung für Ihre Kunden

Schon allein durch Ihre Firmierung bieten Sie eine Orientierung für Ihre Kunden. Vom „Autohaus Müller" erwartet man in aller Regel nicht, dass man dort Jogurt kaufen kann, die „Matratzen AG" wird wohl deutlich mehr als zehn Mitarbeiter haben und das „Versicherungsbüro König" wird wohl eher kein weltumspannender Global Player sein. Allein also Ihre Positionierung schließt Sie so von vielen Geschäftsmöglichkeiten aus oder – anders ausgedrückt – rückt Sie für potenzielle Interessenten für bestimmte zu lösende Probleme / abzustellende Mängel / zu erfüllende Wünsche in den Kreis der möglichen Geschäftspartner – je nach Sichtweise.

Ihre strategischen Entscheidungen verleihen Ihrem Unternehmen ein Profil

Außerdem treffen Sie im Laufe der Zeit strategische Entscheidungen, die Ihrem Unternehmen ein Profil verleihen. Sie entscheiden sich für einen eigenen Außendienst – oder dagegen; Sie mieten ein Ladenlokal – oder nicht; Sie beschäftigen Mitarbeiter – oder arbeiten alleine. Durch alle diese Entscheidungen entsteht das Profil Ihres Unternehmens und damit rücken Sie für manchen Kunden in seinen Fokus oder eben aus diesem Fokus hinaus – denn Kunden orientieren sich an Ihrem Erscheinungsbild und entscheiden dann, ob Sie wohl zum Kreis der Lösungsanbieter und Nutzenstifter gehören und ob sie sich vorstellen können, Ihr Angebot wahrzunehmen. Und bis zu diesem Zeitpunkt haben Sie vielleicht noch kein einziges Wort mit Ihrem Interessenten oder Kunden gesprochen.

Wenn wir zum Beispiel Kopfschmerzen haben und ein Medikament kaufen möchten, fällt uns zwar spontan BAYER ein, aber wir würden niemals auf den Gedanken kommen, dort anzurufen, um eine Zehnerbox eines entsprechenden Präparates zu kaufen. Man kauft nicht direkt bei einem Pharmakonzern – sondern in der Apotheke. Diese Positionierung von BAYER haben wir so im Kopf und wir wissen nicht mit letzter Sicherheit, ob sie den Tatsachen entspricht.

Potenzielle Interessenten haben immer schon ein Bild von Ihrem Unternehmen

So haben auch potenzielle Interessenten, die mit Ihnen in Kontakt kommen, immer schon bestimmte Vorstellungen von Ihrem Unternehmen – warum auch immer und wie zutreffend diese auch immer sind.

Die Frage ist nur: Ist das Bild Ihres Unternehmens im Kopf Ihrer Zielgruppe die Positionierung, die Sie erreichen wollten? Denn nur wenn es Ihnen gelingt, die richtigen (Werbe-)Botschaften zu senden, werden Sie Ihr (Umsatz-)Ziel auch erreichen. Überprüfen Sie Ihre Botschaften daraufhin, was Menschen dort hineininterpretieren (können).

Prüfen Sie im Besonderen (wenn vorhanden) den Eingangsbereich Ihres Ladenlokals, Büros etc. Sprechen Sie die richtigen Menschen an und ist die Einladung, zu Ihnen zu kommen, auch deutlich, auffordernd und spannend genug? Überprüfen Sie Ihre Verkäufer im Außendienst im Hinblick darauf, welches Image Ihres Unternehmens sie ihren Gesprächspartnern vermitteln. Sind es die Bilder, die auch entstehen sollen?

Durch Ihren Geschäftsbetrieb positionieren Sie sich automatisch in eine bestimmte Richtung

Durch Ihren Geschäftsbetrieb positionieren Sie sich automatisch in eine bestimmte Richtung. Sie können gar nicht anders – jede Entscheidung für etwas ist notwendigerweise eine Entscheidung gegen etwas. Die Frage ist: Bewegt die Summe der Entscheidungen, also Ihre Botschaft, Menschen dazu, sich mit Ihnen in Verbindung zu setzen?

Welche Orientierung bieten Sie Ihren Kunden?

Tipp 4 Kundenorientierung hilft unmittelbar Kosten zu sparen

Was einem Unternehmen passieren kann, wenn es nicht auf seine Kunden schaut, können Sie am Beispiel IBM sehen. In den Anfängen der Computerzeit war IBM *der* Name auf dem Markt. IBM hatte eine Monopolstellung in Bezug auf alle entsprechenden Entwicklungen. Es gab keinen Grund, sich darum zu kümmern, was die Kunden wollten, da man selbst Taktgeber und Maßstab war. Das ging so lange gut, bis sich ein gewisser Bill Gates anschickte, die Branche zu verändern und zunächst eine Kooperation mit IBM suchte. Doch dort war niemand an der Idee des jungen Mannes interessiert, dass inzwischen zusätzlich zu Großrechnern für die Industrie auch ein Markt für so genannte Personal Computer – eben PCs – für den persönlichen Gebrauch erwachsen war; schließlich glaubte man selbst zu wissen, was zu tun war.

Hätte IBM den Finger am Puls der Kunden gehabt, hätte man gespürt, wie Erfolg versprechend dieser Markt war. Der Rest ist Geschichte ...

Wie hoch sind die Migrations-, Interaktions- und Transaktionskosten in Ihrem Unternehmen?

Einen Indikator, wie gut Kundenorientierung bereits im Unternehmen umgesetzt wird, können folgende Arten von Kosten bieten:

- Migrationskosten sind Kosten, die durch den Wechsel von Mitarbeitern und Kunden entstehen. Das sind auch die

Kosten, die durch die Einarbeitung neuer Mitarbeiter oder durch die Einweisung eines Kunden anfallen.

- Interaktionskosten sind Kosten, die durch Reibungsverluste entstehen, beispielsweise wenn demotivierte Mitarbeiter innerlich kündigen. Dazu gehören auch Kosten durch Krankheitsausfälle oder fehlende Bereitschaft zur Mehrarbeit. Beim Kunden entstehen Interaktionskosten durch Missverständnisse und Ärger, schlechte Erläuterungen, mangelhafte Reklamationsbearbeitung und unzureichende Verkaufs- oder Beratungsgespräche.
- Transaktionskosten sind die Kosten, welche durch den Betrieb des Unternehmens entstehen. Was kosten die Streitigkeiten mit Kunden, Mitarbeitern, den Lieferanten, Großkunden, Auftraggebern etc.? Reklamationen von unzufriedenen Kunden kommen teuer zu stehen. Ist das Verhältnis zu einem reklamierenden Kunden dagegen gut, wird die Wiedergutmachung auch nicht so teuer (▶ **Tipp 39**).

Diese Kosten geben demnach nicht nur Auskunft über die Beziehungen zum Kunden, sondern auch über das Klima im Betrieb (▶ **Tipp 17**), was sich dann wiederum auf die Kundenbeziehungen auswirkt. Je geringer hier die Kosten, umso näher stehen Sie bereits bei Ihrem Kunden.

Je geringer Migrations-, Interaktions- und Transaktionskosten, desto näher stehen Sie beim Kunden

Welche Kosten entstehen in Ihrem Unternehmen durch mangelhafte Kundenorientierung?

Tipp 5 Den Kunden da abholen, wo er steht – vier Schritte zur Kaufentscheidung

Wann immer wir eine Kaufentscheidung (▶ **Tipp 7**) treffen, durchlaufen wir dabei bewusst oder unbewusst eine aufeinanderfolgende Reihe von Schritten.

Um sich am Kunden orientieren zu können, ist es für den Verkäufer bzw. das Servicepersonal wichtig, diese Phasen zu kennen, weil jede ein anderes Vorgehen verlangt. Ohne zu verstehen, was beim Kaufen im Kunden vorgeht, besteht die Gefahr, dass ein Verkäufer zu stark von sich selbst, also von seinem Angebot ausgeht und seine Verkaufsargumentation nicht auf den individuellen Kundennutzen (▶▶ **Tipp 2, 73, 74 und 92**) abstimmt.

Es ist wichtig, die Phasen der Kaufentscheidung zu kennen, um entsprechend auf den Kunden einwirken zu können

Je seltener wir die Entscheidung treffen (das heißt oft, je teurer das Produkt ist), desto bewusster erleben wir die einzelnen Phasen. Für Spontankäufe (▶ **TIPP 65**) gilt dies nur bedingt und deshalb differenzieren wir im Folgenden für jeden einzelnen Schritt zwischen einem SPONTANKAUF (hier am Beispiel eines Schuhkaufs) und dem LANG GEPLANTEN ERWERB eines Produkts (Beispiel Autokauf).

Bewusstwerden eines Bedarfs

1. Zunächst einmal merken wir, dass ein aktueller Zustand nicht mehr ideal ist. Dies ist die Grundlage dafür, dass wir einen Bedarf (▶ **TIPP 2**)erkennen.

   (Beim Spontankauf könnte ein – auch unbewusster – Gedanke lauten: *„Mir gefallen diese Schuhe dort im Schaufenster – und eigentlich brauche ich auch dringend neue Schuhe!“* Beim lang geplanten Kauf wäre der Gedanke eher: *„Ich bin nicht mehr mit meinem Auto zufrieden, weil die hohen Reparaturkosten wirtschaftlich nicht mehr vertretbar sind.“*)

   Die Entscheidung, einen Kauf zu erwägen, setzt also eine externe oder interne Stimulation voraus, einen nicht oder nur mangelhaft gedeckten Bedarf zu befriedigen.

Angebotsvergleich

2. Haben wir den Bedarf einmal erkannt, so vergleichen wir das Angebot am Markt mit speziellem Augenmerk auf unsere Kaufmotive/Kaufkriterien (welche wiederum unbewusst sein können).

   (Beim Spontankauf läuft dies in Blitzeseile ab, indem wir das Angebot automatisch auf die Schuhe im Schaufenster reduzieren. Beim Beispiel des Autokaufs könnte dies beispielsweise so beginnen, dass wir uns fragen, welche aktuellen Automodelle uns gefallen und dann beginnen, über Autohändler und auf Internetbörsen die Preise und Leistungen der unterschiedlichen Modelle in Erfahrung zu bringen.)

   Den Vergleich der unterschiedlichen Optionen schließen wir meist mit einer Shortlist ab; d.h. einer Engauswahl von Angeboten, die aufgrund unserer Kaufmotive/Kaufkriterien infrage kommen.

Auseinandersetzung mit Zweifeln und Bedenken

3. Hat ein Kunde einmal entschieden, welche Produkte grundsätzlich infrage kommen, setzt er sich daraufhin mit seinen Zweifeln und Bedenken auseinander (▶▶ **TIPP 93 BIS 97**).

   (Beim Spontankauf könnten hier etwa folgende Fragen auftauchen: *„Kann ich mir das leisten?“* oder *„Brauche ich* *wirklich noch ein weiteres Paar Schuhe?"*. Je nachdem, welche Kaufmotive gerade im Kunden aktiv sind, fallen die entsprechenden Fragen aus. Bei einer größeren Kaufentscheidung könnten etwa folgende Fragen eine Relevanz haben: *„Wie ist der Service des Autohändlers?"* oder bei einem Gebrauchtwagen: *„Wie gut ist die Qualität des Wagens?"* oder *„Ist es tatsächlich kein Unfallwagen?"* oder *„Kann ich dem Verkäufer trauen?"*)

Obwohl vielleicht objektivierbare und rationale Kriterien erwogen wurden, ist an dieser Stelle oft zu beobachten, dass die Entscheidung nicht gemäß diesen Kriterien fällt, sondern es zu emotionalen Käufen kommt (▶ **TIPP 64**).

Umsetzung der Kaufentscheidung

4. Sind alle Zweifel beseitigt, so steht die Entscheidung an, die in den vorangehenden Schritten vorbereitet wurde und nun umgesetzt wird.

   (Beim spontanen Kauf von Schuhen bedeutet dies lediglich, zur Kasse zu gehen und zu zahlen. Beim Kauf eines Autos kann dies unterschiedliche Handlungen mit sich bringen: Eintausch, Weiterverkauf oder Abmeldung des bisherigen Wagens, sowie evtl. Finanzierung, Versicherung und Anmeldung des neuen Fahrzeugs.)

Diese Schritte sind nicht so zu verstehen, dass sie exakt in dieser Reihenfolge ablaufen. Ein Vor und Zurück ist jederzeit möglich.

Es ist wichtig nachzuvollziehen, an welcher Stelle des psychologischen Prozesses der Kaufentscheidung sich ein Kunde befindet. Denn so kann man auf einen Kunden, der noch Alternativen durchspielt, anders eingehen als auf einen Kunden, der Zweifel und Bedenken erwägt und entsprechende Einwände äußert.

KÖNNEN SIE NACHVOLLZIEHEN, IN WELCHER PHASE DER KAUFENTSCHEIDUNG SICH IHR KUNDE AKTUELL BEFINDET?

Tipp 6 Der Kern jeder Kaufentscheidung ist ein Problem oder ein Mangel

In vielen Unternehmen ist das aktuelle vertriebliche Schlagwort SOLUTION SELLING. Dieser „Lösungsverkauf", der beson-

Ein Kauf ist die Entscheidung, ein Problem zu beseitigen oder einen Mangel abzustellen

ders im Zusammenhang mit hochkomplexen und erklärungsbedürftigen Angeboten eingesetzt wird, betont die Rolle des Verkäufers als Problemlöser.

Denn der Keim einer jeden Entscheidung für eine Veränderung (also auch für einen Kauf) liegt in einem Problem oder einem wahrgenommenen Mangel, bei denen das anbietende Unternehmen Hilfe leisten oder Abhilfe schaffen kann.

- Warum kaufen Sie ein neues Auto? – Weil der alte Wagen technische Mängel hat! (➠ Problem)
- Warum kaufen Sie ein neues Notebook? – Weil die Rechenleistung nicht mehr ausreicht! (➠ Problem/Mangel)
- Warum erwerben Sie eine neue Wohnzimmereinrichtung? – Weil Ihnen die alte nicht mehr gefällt! (➠ Mangel)

Bedarfsweckung durch den Anbieter

Neben den Fällen, in denen Interessenten und Käufer ein Problem haben oder einen Mangel verspüren und von sich aus aktiv werden, gibt es auch die Möglichkeit, dass sie durch Werbung oder sonstige Kommunikation eines Anbieters (▶▶ **TIPP 54 BIS 57**) auf ein Problem oder einen Mangel hingewiesen werden. Hier besteht also zunächst kein (Handlungs-)Bedarf aufseiten des potenziellen Käufers, sondern dieser Bedarf wird erst durch den Anbieter geweckt.

Maslows Bedürfnispyramide

Um zu klären, worauf ein bestehender oder geweckter Bedarf (▶ **TIPP 2**) letztlich zurückgeht, kann die so genannte BEDÜRFNISPYRAMIDE von Abraham Maslow hilfreich sein. Nach Maslow können wir fünf grundlegende Bedürfnisse unterscheiden, die jeweils aufeinander aufbauen, also immer erst dann ins Blickfeld rücken, wenn die jeweils darunter liegenden Bedürfnisse bereits befriedigt sind.

- KÖRPERLICHE GRUNDBEDÜRFNISSE: Nahrung, Kleidung, Wohnung, Gesundheit etc.
- SICHERHEITSBEDÜRFNISSE: Schutz vor Gefahren, finanzielle Absicherung, staatliche Ordnungsgewalt
- SOZIALE BEDÜRFNISSE: Familie, Freunde, Partnerschaft, Liebe etc.
- INDIVIDUALBEDÜRFNISSE: Anerkennung, Status, Ansehen, beruflicher und privater Einfluss etc.
- BEDÜRFNIS NACH SELBSTVERWIRKLICHUNG: Ausleben von Individualität, Entfaltung von Talenten, Erfahrung persönlicher Sinngebung etc.

Der Kern jeder Kaufentscheidung ist ein Problem

Jeder Anstoß zu einer Verhaltensänderung oder zu einem gezielten Handeln resultiert aus einem innerhalb dieses Bedürfnisgefüges empfundenen Mangel oder einem erlebten Problem. Eine mögliche Konsequenz daraus kann unter anderem auch eine Kaufhandlung sein.

Im Rahmen des Solution Sellings könnte dieser Prozess etwa folgendermaßen dargestellt werden:

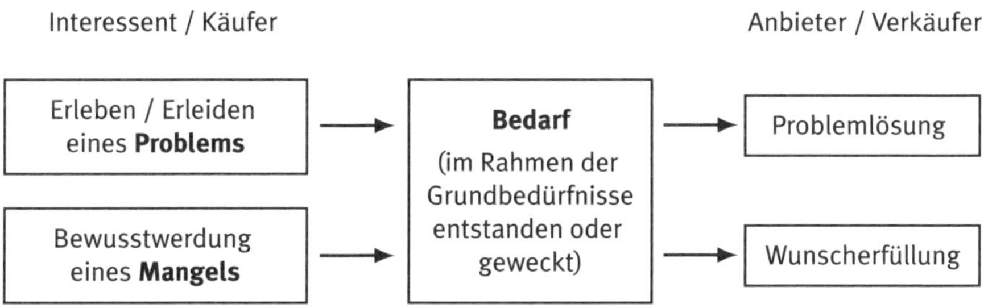

Abb. 1: Jede Kaufhandlung beruht auf einem Problem oder Mangel im Gefüge der Grundbedürfnisse

Hier zeigt sich auch schnell der Fehler, der im Rahmen der Umsetzung des richtig gemeinten „Solution-Selling-Ansatzes" immer wieder bei Mitarbeitern im Vertrieb und im Verkauf zu beobachten ist:

Sie argumentieren ausschließlich oder vorwiegend von ihrem Angebot her und präsentieren ihre Lösung (das Produkt oder die Dienstleistung),

- ohne dass der Kunde diesbezüglich ein akutes Problem hat oder einen Mangel empfindet bzw.
- ohne dass der Verkäufer das Problem/den Mangel des Kunden ausreichend verstanden und nachvollzogen hat.

Wirklich begeistern und damit auch langfristig binden (▶▶ **Tipp 10 bis 21**) können Sie Ihren Kunden aber nur, wenn Sie bei dessen individuellem Problem oder Mangel ansetzen und nicht schon mit Ihrer Lösung „vorpreschen".

Nicht im Rahmen des Angebots argumentieren, sondern immer am individuellen Problem des Kunden ansetzen

Die erste Tätigkeit für den Verkäufer ist es also, bei einem Kunden das Bewusstsein für ein Problem oder einen Mangel zu wecken oder zu ergründen, wo seine Probleme liegen und welchen Mangel er empfindet. Erst in einem zweiten Schritt gilt es dann, den Kunden dazu zu bringen, die Bereitschaft (den ausdrücklichen Bedarf ▶ **Tipp 82**) zu entwickeln, an der aktuellen Bedarfssituation etwas zu tun – und im besten Falle die Problemlösung oder Wunscherfüllung des Verkäufers in Anspruch zu nehmen.

Gehen Sie wirklich auf die Probleme und Wünsche Ihrer Kunden ein oder stellen Sie lediglich Ihre Lösungen vor?

Tipp 7 Kaufentscheidung ist nicht gleich Kaufentscheidung

Der Prozess, der zu einer Kaufentscheidung (▶ **Tipp 6**) und somit zum Erwerb eines Gutes oder der Inanspruchnahme einer Dienstleistung führt, ist je nach Kontext unterschiedlich komplex und intensiv. Kaufentscheidungen können funktional ausgerichtet oder emotional geprägt sein.

Je nachdem, welche Art von Kaufentscheidung ein Angebot anspricht, ist ein unterschiedliches Vorgehen angebracht.

- Spontankäufe werden impulsiv vorgenommen, ohne dass vor dem Hintergrund eines längerfristig bestehenden Bedarfs eine gezielte Vorbereitung stattgefunden hat und das Angebot näher geprüft wird. In Bezug auf die jeweiligen finanziellen Möglichkeiten des Käufers handelt es sich in der Regel um eher geringere Beträge.

  Spontankäufe sind emotional geprägt

  Spontankäufe sind emotional geprägt. Wegen der hohen emotionalen Qualität kann ein den Kunden beglückender Spontankauf unter Umständen eine stärkere Kundenbindung nach sich ziehen als der lange geplante und nicht länger aufschiebbare Erwerb eines teuren Produkts. Suchen Sie also nach Möglichkeiten, Ihren Kunden mit attraktiven Angeboten für Spontankäufe zu begeistern (▶ **Tipp 65**).
- *Bei geplanten Käufen werden alle Stufen des Kaufentscheidungsprozesses bewusst durchlaufen*

  Im Gegensatz zu Spontankäufen richten sich geplante Kaufentscheidungen auf größere Investitionen oder nur selten gekaufte Produkte. Obwohl auch hier natürlich emotionale Elemente mitschwingen, sind solche Kaufentscheidungsprozesse hauptsächlich durch eine rationale Vorgehensweise geprägt, während der die drei Phasen der Kaufentscheidung, nämlich Bedarfserkennung, Bewerten der Wahlmöglichkeiten und Ausräumen von Bedenken ganz bewusst durchlaufen (▶ **TIPP 5**) werden.

Kundenbindung entsteht hier durch eine kompetente, echten Kundennutzen (▶ **TIPP 92**) stiftende Beratung und das ernsthafte Eingehen auf Bedenken und Einwände (▶▶ **TIPP 93 BIS 97**).

- Bei GEWOHNHEITSKÄUFEN ist buchstäblich die Macht der Gewohnheit ausschlaggebend. In der Regel wird immer wieder das gleiche Gut gekauft (z.B. Verbrauchsgüter wie Milch, aber auch teure Gebrauchsgüter, wie z.B. immer die gleiche Automarke), weil alle Parameter (Preis, Qualität, Service usw.) in der Vergangenheit zufrieden stellend waren. Diese Entscheidung wird nur dann neu getroffen, wenn sich die Parameter der Kaufentscheidung des bisher gewählten Produkts oder von Konkurrenzprodukten ändern.

  Gewohnheitskäufer sind zwar zufriedene, aber nicht unbedingt auch begeisterte Kunden (▶ **TIPP 10**). Und nur begeisterte Kunden werden Ihnen langfristig die Treue halten und nicht wegen eines geringen Preisvorteils zu Ihrem Mitbewerber abwandern. Versuchen Sie hier Abwechslung in die Routine zu bringen, indem Sie beispielsweise Gelegenheiten für attraktive Spontankäufe bieten.

Gewohnheitskäufer sind zwar zufriedene, aber nicht unbedingt auch begeisterte Kunden

Welche biochemischen und tiefenpsychologischen Abläufe während des Kaufentscheidungsprozesses vonstattengehen, wird insbesondere in dem Buch „Brain Script" von Hans-Georg Häusel im Detail beschrieben.

> ***WISSEN SIE, FÜR WELCHE KUNDEN IHRE ANGEBOTE IN WELCHE KAUFENTSCHEIDUNGSKATEGORIE(EN) FALLEN?***

Tipp 8 Ziehen Sie Konsequenzen aus repräsentativen Kundenmeinungen

Folgende interessante Daten entnahmen wir einem Vortrag von Minoru Tominaga. Der japanische Unternehmensberater erregte 1998 Aufsehen mit seinem Buch „Die kundenfeindliche Gesellschaft. Erfolgsstrategien für Dienstleister". Das Buch war eine der ersten Antworten auf den Vorwurf der „Servicewüste Deutschland".

Folgendes fand Tominaga zwischenzeitlich heraus: Auf die Frage *„Was stört Sie als Verbraucher?“* (Mehrfachantworten waren möglich) antworteten

- 69 Prozent der Befragten unfreundliches Personal,
- 68 Prozent der Befragten überzogene Preise,
- 61 Prozent der Befragten mangelnde Hilfsbereitschaft,
- 57 Prozent der Befragten schlampige Auftragserfüllung,
- 56 Prozent der Befragten lange Wartezeiten.

Die meisten Störfaktoren haben personelle Gründe

Ein deutlicher Hinweis darauf, dass die meisten Störfaktoren „personelle“ Gründe haben! Die unprofessionell und wenig kundenfreundlich handelnden Akteure aufseiten der Anbieter sind der hauptsächliche Grund für die Unzufriedenheit von Kunden. Und selbst dort, wo es um Geld geht, stört nur der „überzogene“ Preis. Der gerechtfertigte Preis stört niemanden!

Eine weitere Frage war: *„Was stört Kunden im Bereich B2B (Business-to-Business)?“*

- schlechte Erreichbarkeit 47 Prozent
- undurchsichtige Zuständigkeiten 36 Prozent
- bürokratisches Verhalten 33 Prozent
- schlampige Auftragserfüllung 23 Prozent

Auch hier liegen die Gründe in den Menschen, mit denen es unsere Kunden zu tun haben.

Und weiter: *„Was erwarten Kunden von Handwerkern?“*

- schnelle Verfügbarkeit 38 Prozent
- schnelle Auftragsabwicklung 34 Prozent
- gutes Benehmen, gepflegter Umgang 23 Prozent
- Sauberkeit (Bekleidung, Ausrüstung) 16 Prozent
- Gutes Preis-Leistungs-Verhältnis 14 Prozent

Auch hier bietet sich das gleiche Bild: Das Thema Geld liegt weit hinten – vornehmlich geht es um unser Thema „Kundenorientierung“.

Eine andere Umfrage, erstellt von FORUM, einem US-Trainingsunternehmen, im Rahmen eines Auftrags für eine österreichische Großbank ergab, dass die Gründe für einen Anbieterwechsel in Bezug auf Bankprodukte zu 15 Prozent im Preis der Dienstleistung lagen, zu weiteren 15 Prozent mit den angebotenen Produkten/Dienstleistungen zu tun hatten, aber zu 70

Prozent durch schlechten oder nicht erbrachten Service begründet waren.

Alles in allem spiegeln diese Ergebnisse deutlich wider, dass unsere Kunden mehr durch das Verhalten des Verkaufs- und Servicepersonals abgeschreckt werden als durch „objektive Gründe“, die in der Art und Qualität des Angebots liegen.

Wenn Sie ein Alleinstellungsmerkmal (▶▶ **TIPP 73, 76**) entwickeln und einen Vorsprung vor Ihren Wettbewerbern erreichen wollen, dann sollten Sie also eher auf dem Gebiet der Mitarbeiterförderung (▶ **TIPP 24**) ansetzen und sich als „Serviceführer“ positionieren als zu versuchen, Kunden durch Preisnachlässe oder Rabatte zu binden.

Im Sinne der Kundenorientierung ist Serviceführerschaft sinnvoller als Preisführerschaft

SETZEN SIE AUF GÜNSTIGE PREISE ODER VERSUCHEN SIE, EINEN GUTEN SERVICE ZU SCHAFFEN?

Tipp 9 Was Ihre Kunden erwarten

Wenn diese Frage einfach zu beantworten wäre, dann wäre dieses Buch hier zu Ende. Doch leider ist die Antwort auf diese Frage subjektiv – bei jedem Kunden sind die Erwartungen anders. Das ist ein Problem, aber auch der Ausgangspunkt für unsere Überlegungen. Denn neben aller Subjektivität scheint es einige Dinge zu geben, die jeder erwartet. Und hier sind sie, die ultimativen Erwartungen Ihres Kunden:

- DIE KERNLEISTUNG MUSS STIMMEN – aber was heißt das? Die Mindestleistung besteht darin, alle gesetzlichen Vorschriften und vertraglichen Vereinbarungen einzuhalten. Das scheint keine große Herausforderung zu sein, wer jedoch schon einmal als Käufer unterwegs war, weiß, dass manchmal noch nicht einmal diese Mindestleistungen eingehalten werden.

... dass alle gesetzlichen Vorschriften und vertraglichen Vereinbarungen eingehalten werden

- DIE LEISTUNG MUSS EINFACH, PRAKTISCH, SCHNELL UND KOMPETENT ERBRACHT WERDEN – und das gilt für Dienstleistungen ebenso wie für Produkte. Käufer wollen keine Umwege gehen, wollen keine komplexen Strukturen verfolgen, wollen nicht lange warten müssen und vor allem wollen sie, dass der Leistungserbringer weiß, wovon er spricht und was er tut.

Der Käufer möchte wissen, wofür er sein Geld ausgibt

- NUTZEN UND WERT MÜSSEN ERKENNBAR UND PREISRELEVANT SEIN – der Käufer möchte wissen, wofür er sein Geld ausgibt. Er möchte das Gefühl haben, dass er ein preiswertes Produkt erhält – was nicht bedeutet, dass das Produkt billig sein muss, wohl aber, dass es seinen Preis wert ist. Der Kunde weiß, dass er für das, was er gerne haben möchte, auch etwas bezahlen muss. Er ist nicht so blauäugig, zu glauben, für wenig Geld viel und qualitativ gute Ware erwerben zu können – im Gegenteil. Denn wie heißt es schön im Volksmund: Was nichts kostet, ist auch nichts.

  Die einzige Schwierigkeit für uns Verkäufer ist lediglich, im Rahmen dessen zu argumentieren und zu agieren, was der Käufer subjektiv als angemessenes Äquivalent für sein Geld empfindet. Und genau hier setzt die Arbeit Ihres Verkaufs- und Servicepersonals ein.

Wo sich der Kunde wohlfühlt, lässt sich „objektiv" nicht beantworten

- ANGENEHME KAUF- UND BERATUNGSATMOSPHÄRE – und auch hier herrscht wieder Subjektivität. Wo sich der Kunde wohlfühlt, lässt sich „objektiv" nicht beantworten. Wir vermuten lediglich, dass sich Motorradfahrer in einem anderen Umfeld wohlfühlen als Opernbesucher. Und wo fühlt sich der Motorrad fahrende Opernliebhaber wohl? Das kommt ganz darauf an, welche „Rolle" er aktuell innehat. Kommt er gerade als Puccini-Fan oder als PS-Junkie? Steckt er all sein Geld in seine Harley oder kann er es sich auch noch leisten, zur Opernpremiere nach Florenz zu fliegen?

  Je detaillierter Sie über die Kunden Bescheid wissen, umso mehr können Sie auf deren Erwartungen zum „angenehmen Kaufambiente" eingehen.

- HILFSBEREITES UND KUNDENORIENTIERTES SERVICEPERSONAL scheint zunächst ein Teil der angenehmen Kaufatmosphäre zu sein, trotzdem sollte man diesem Punkt besondere Beachtung schenken. Denn alle bisher angeführten Punkte lassen sich mehr oder weniger objektivieren, Sie können hier gezielt planen und Einfluss nehmen. Verkäufer und Servicepersonal aber wirken unmittelbar im Moment der Kontaktaufnahme – und Menschen sind nicht programmierbar in ihrer Reaktion. Hier treffen also zwei „Subjektivitäten“ aufeinander: Der Kunde mit seinen Erwartungen und der Verkäufer in seiner aktuellen Tagesform. Was versteht der Kunde unter „hilfsbereit“? Was versteht der Servicemitarbeiter unter „hilfsbereit“? Kollisionen sind hier unumgänglich, wenn nicht genau analysiert wird, was die Kunden tatsächlich möchten und die Servicemitarbeiter genau darauf ausgerichtet werden.

Der Kunde mit seinen Erwartungen trifft auf den Verkäufer in seiner aktuellen Tagesform

Und als ob das alles noch nicht genug wäre, gibt es eine letzte Subjektivität aufseiten des Kunden. Und das ist sein individueller Maßstab, an dem er die Erfüllung dieser Parameter misst – sein Maß also für seine eigene Kundenzufriedenheit. Und dieser Maßstab heißt „wahrgenommene Leistung“. Nur wenn die Erwartungen Ihres Kunden mit der von ihm subjektiv beurteilten wahrgenommenen Leistung übereinstimmen, werden Sie eine Kundenbindung erreichen.

Im Grunde ist also klar, was Kunden wollen, aber pauschal lässt es sich eben nicht beschreiben. Aber was wollen Sie tun, wenn Sie nicht für jeden Kunden einen eigenen Servicemitarbeiter einstellen und ein eigenes Geschäft betreiben möchten?

Es wird Ihnen wohl nichts anderes übrig bleiben, als gewisse Grundsatzentscheidungen zu treffen, wer Ihre Kunden sein sollen – und sich daraufhin zu positionieren (▶ **TIPP 3**). Und diese Zielgruppe müssen Sie dann regelmäßig danach fragen, ob alles noch so zu ihrer Zufriedenheit ist. Und Sie sollten die fünf oben genannten Parameter im Auge behalten und sehen, ob sie noch auf den Status quo Ihrer Zielgruppe ausgerichtet sind – und entsprechend immer wieder nachjustieren!

WANN HABEN SIE ZULETZT IHR GESCHÄFT MIT DEN AUGEN IHRER KUNDEN BETRACHTET?

Teil B Was es heisst, Kunden zu begeistern

Tipp 10 Zufriedene Kunden sind gut – begeisterte Kunden sind besser

Unser Ziel ist Kundenbindung – darum geht es. Kunden dazu zu bewegen zu uns zu kommen, zu kaufen und wiederzukommen und wieder zu kaufen. Um dieses Ziel der Bindung zu erreichen, bedarf es einer Reihe von Maßnahmen und Gedanken; sie stehen in der zweiten Ebene der Betrachtung. Und diese sind, ähnlich einem Orientierungslauf, durch Ihre Organisation (und damit auch durch die handelnden Personen) Position für Position zu „erobern". Habe ich den ersten Streckenposten nicht erreicht, brauche ich mich mit dem nächsten erst gar nicht zu beschäftigen.

Wer nicht lächeln kann, sollte nichts verkaufen

Unser erster Streckenposten heißt: KUNDENFREUNDLICHKEIT. Kundenfreundlichkeit beginnt mit einem Lächeln und braucht nur das Interesse, der Service-/Verkaufskraft, dem Kunden dienlich zu sein. Dies scheint eine einfache Aufgabe zu sein, doch wie so oft liegen die Herausforderungen auch hier im Detail. In unserer Beratungspraxis treffen wir immer wieder auf Servicekräfte, die es nicht nachvollziehen können, dass sie gerade eben nicht freundlich zu einem Kunden waren. Sie sind sich überhaupt nicht bewusst, dass ein Fehlverhalten vorlag; sie reflektieren ihr Verhalten nicht und merken nicht, dass es ihr Verhalten war, welches den Kunden dazu veranlasste, nicht zu kaufen und auch nicht wiederzukommen.

Und hier machen wir dem Mitarbeiter nur einen bedingten Vorwurf. Es ist zwar bedauerlich, wenn jemand nicht merkt, dass sein Verhalten nicht in Ordnung war, aber den eigentlichen Vorwurf müssen sich die Führungskräfte gefallen lassen; schließlich ist es eine ihrer Hauptaufgaben, dafür zu sorgen, dass Mitarbeiter genau das umsetzen, was dem Unternehmen Wertschöpfung bringt.

Klare Anweisungen, wie Kundenfreundlichkeit umzusetzen ist

Wie oft haben Sie (oder Ihre Führungskräfte) in der letzten Zeit mit Ihren Mitarbeitern in Verkauf und Service über Kundenfreundlichkeit gesprochen? Gibt es klare Anweisungen, wie zu verfahren ist – und welche sind das? Gibt es allgemeine

Regeln für den Umgang mit Kunden? Gibt es so etwas wie MISSION-STATEMENTS in Bezug auf den Umgang mit Kunden?

Gibt es nachvollziehbare Kriterien für kundenfreundliches Verhalten?

Und wenn es das alles gibt, wie wird nachverfolgt, wer sich an die Regeln hält und wer sich nicht an die Regeln hält? Und wie wird mit den entsprechenden Mitarbeitern das Gespräch gesucht und geführt? All das sind Führungsaufgaben – und wie sind Ihre Führungskräfte für diesen Teil ihrer Aufgabe ausgebildet und ausgestattet (▶▶ **TIPP 28 BIS 30**)?

Kundenorientierung: den Kunden in den Mittelpunkt stellen

Der zweite Streckenposten heißt: KUNDENORIENTIERUNG. Hier geht es darum, sich Gedanken darüber zu machen, wie Sie den Kunden in den Mittelpunkt stellen können, wie Sie sich an den Kunden orientieren können. Was möchten Ihre Kunden eigentlich und wie können Sie die Vorstellungen Ihrer Kunden am besten / ehesten erfüllen? Es geht um die entscheidende Frage: Bei welchen Problemen können wir unseren Kunden dienlich sein? (▶ **TIPP 80**)

Um solche Fragen allerdings überhaupt beantworten zu können, müssen Sie Ihre Kunden vorher einmal gefragt haben. Wie lange ist Ihre letzte Kundenbefragung her? Welche Ergebnisse brachte sie? Und wie sicher sind Sie, dass die damals gewonnenen Daten noch relevant sind? Und für diejenigen unter Ihnen, die noch nie eine Kundenbefragung gemacht haben: Wie können Sie sicher sein, dass alle Ihre aktuellen Tätigkeiten in Ihrem Unternehmen tatsächlich etwas mit den Problemen und Wünschen Ihrer Kunden zu tun haben (▶ **TIPP 2**)?

Wissen Sie, welchen Nutzen Sie für Ihre Kunden stiften können?

Haben Sie in Bezug auf das entsprechende Themenspektrum befriedigende Antworten gefunden, können Sie zum nächsten Streckenposten übergehen, wenn nicht, sollten Sie sich auf die Suche nach den Antworten machen. Je verschwommener Ihre Vorstellungen zum Komplex Kundenorientierung sind, umso zufälliger und wenig zielführend werden Ihre Maßnahmen sein.

Nur zufriedene Kunden kaufen und kommen wieder

Der dritte Streckenposten heißt: KUNDENZUFRIEDENHEIT. Ein scheinbar logischer Schritt auf dem Weg zur Kundenbindung. Nur zufriedene Kunden kaufen, kommen wieder, kaufen wieder und so fort. Aber sind Ihre Kunden auch zufrieden? Führen die Prozesse in Ihrem Unternehmen tatsächlich dazu, dass Kunden zufrieden mit Ihnen, Ihren Mitarbeitern, dem Service, den Produkten / Dienstleistungen und den Preisen sind? Und wie zufrieden sind Ihre Kunden? Nur so ein wenig? So zufrieden, dass sie wiederkommen? Vielleicht sogar so sehr, dass sie Ihr Unternehmen weiterempfehlen? Und welche dieser Zufriedenheitsstufen streben Sie überhaupt an?

Dabei haben wir noch gar nicht erwähnt, dass es vielleicht gar nicht ausreichend ist, wenn Kunden „nur" zufrieden sind (▶ **TIPP 50**). Wenn Sie es also schaffen, Ihre Kunden zufrieden zu stellen, dann geht es noch weiter.

Begeistern Sie Ihre Kunden mit Unerwartetem

Der nächste Streckenposten heißt: KUNDENBEGEISTERUNG. Es ist schon schwierig genug, Kunden zufrieden zu stellen, aber was müssen Sie denn noch alles tun, um darüber hinaus Begeisterung auszulösen? Begeistert sind wir in der Regel, wenn etwas für uns Positives überraschend eintritt. Etwas Positives, das absehbar und erwartbar ist, löst lediglich Freude, aber keine Begeisterung aus. Überraschen Sie also Ihre Kunden (▶▶ **TIPP 44, 45**). Das Problem dabei ist: Je mehr Sie und Ihre Mitbewerber an der Begeisterungsschraube drehen, umso schwieriger wird es, den entsprechenden Kunden neu und anders und nochmals zu begeistern. Eine Aktion, die beim ersten Mal noch Begeisterungsstürme auslöste, wirkt beim zehnten Mal schon wieder normal – und damit nur noch befriedigend. Die Begeisterungswaffen nutzen sich durch den Einsatz also recht schnell ab.

Kundenbegeisterung ist zudem auch noch subjektiv und für nahezu jeden Kunden anders auszulegen. Bewertet der eine beispielsweise einen kostenlosen Leihwagen als ganz besonderen Premiumservice, ist dieses Angebot für den anderen selbstverständlich. Je nach Erfahrungs- und Erwartungshintergrund des Kunden also müssen unterschiedliche Aktivitäten gestartet werden, um zu begeistern. Das macht die Angelegenheit nicht einfacher für Sie! Das ist auch der Grund dafür, dass es kein Patentrezept dafür gibt, Kunden zu begeistern.

Preissenkungen führen in der Regel nicht zu Begeisterung

Was wir aber auch wissen ist, dass es hier wenig zielführend ist, scheinbar beliebig mit den Preisen herunterzugehen (▶ **TIPP 14**). Ein Slogan wie *„Heute kostet X nur Y Euro!"* oder *„Drei zum Preis von zwei!"* sorgt vielleicht manchmal für einen vollen Laden, löst aber keine Begeisterungsstürme aus.

Der nächste Streckenposten heißt: KUNDENLOYALITÄT. Wer es bis hier schafft, hat den ganz großen Durchbruch erreicht. Kunden sind zufrieden, so begeistert, dass sie wiederkommen und schließlich so loyal, dass sie wieder bei uns kaufen.

Erst Kundenloyalität garantiert langfristige Kundenbindung

Loyal in diesem Sinne heißt übrigens auch, dass unsere Kunden den gebotenen Mehrwert so schätzen, dass sie kaufen, obwohl wir etwas teurer sind als andere. Das Einzige, was ein Kunde benötigt, um diese Loyalität zu empfinden, sind einige gute Gründe. Gründe, welche dafür sprechen, mehr Geld auszugeben als für andere, vergleichbare Produkte oder für andere, vergleichbare Dienstleistungen.

Dass dies funktioniert, beweisen tagtäglich die Verkäufer, die entsprechende Produkte oder Dienstleistungen anbieten. Angesichts des hohen Preises verkauft Porsche sensationell viele Autos, obwohl die Kunden auch mit deutlich preiswerteren Fahrzeugen von A nach B kämen. Aber darum geht es beim Kauf eines Porsche wohl auch gar nicht. Porsche-Käufer kaufen kein Fahrzeug, sondern eine dynamische Mobilitätslegende, die die Fahrer anderer Karossen blass aussehen lässt. Es gibt Millionen von Uhren, die genauso präzise laufen wie die Gangwerke von Rolex. Trotzdem verkauft Rolex täglich Uhren zu einem exorbitanten Preis. Warum? Mit einer Rolex erwirbt der Käufer keine Uhr, sondern ein Statussymbol.

Kunden stehen dann loyal zu Ihrem Unternehmen, wenn Sie ihnen mehr bieten als das blosse Produkt oder die reine Dienstleistung, die sie auch bei Ihren Mitbewerbern bekommen würden.

Worin dieses „Mehr", dieser Mehrwert für Ihre Kunden besteht, gilt es für Sie herauszufinden. Diesen Mehrwert muss durchaus nicht immer ein Premiumangebot ausmachen wie bei Porsche und Co., sondern er kann durchaus in kleinen, auf den ersten Blick vielleicht sogar nebensächlichen Dingen liegen, die aber der Bedarfslage (▶ **Tipp 2**) Ihrer Kunden in besonderer Weise entsprechen.

Bieten Sie Ihren Kunden einen verlässlichen Mehrwert, der Sie vom Wettbewerb abhebt

Kundenloyalität entsteht aus einer perfekten Mischung aus Freundlichkeit, Orientierung, Zufriedenheit und Begeisterung, die auch ruhig etwas mehr kosten darf.

Wollen Sie loyale Kunden, mit denen Sie buchstäblich rechnen können, oder die Preisführerschaft?

Tipp 11 Kunden haben Beziehungen zu Unternehmen und zu deren Verkäufern

Maßgebend für die Kundenbindung ist die Beziehung zwischen Kunde und Verkäufer

Maßgebend für die Bindung von Kunden an das eigene Unternehmen ist die Beziehung zwischen Kunde und Verkäufer. Gibt es auf der Beziehungsebene Schwierigkeiten, so wird es schwer, den Kunden langfristig zu binden – und sei das Angebot auch noch so gut.

Eine solide Kundenbeziehung stützt sich auf unterschiedliche Pfeiler. Je nachdem, wie der Kunde gestrickt ist, sind einige davon mehr oder weniger wichtig. Im Folgenden nennen wir die drei aus unserer Sicht essenziellen Aspekte zum Aufbau einer langfristigen Kundenbeziehung:

Offen und ehrlich kommunizieren, keine manipulativen Verhaltensweisen anwenden

1. Grundsätzlich gilt, OFFEN UND EHRLICH ZU KOMMUNIZIEREN: Für eine Verkaufssituation kann das z.B. bedeuten, dass keine Tricks und manipulativen Verhaltensweisen angewendet werden, um den Kunden zur Unterschrift zu bewegen, nicht wissentlich Nachteile des Produktes verschwiegen oder Konfliktsituationen „ausgesessen" werden.
2. DEN ANDEREN WIRKLICH VERSTEHEN WOLLEN: Eine Eigenart, die die Kommunikation mit Kunden immer wieder behindert und zu Missverständnissen führt, ist die Annahme, schon zu wissen, was der Gesprächspartner braucht und denkt. Hintergrund dieser Annahme ist vielfach, dass Verkäufer von ihrem Angebot und ihrer genauen Produktkenntnis her argumentieren, ohne vorab den aktuellen Bedarf des Kunden ermittelt zu haben (▶ TIPP 2). Die Folge davon ist, dass der Kunde sich nicht verstanden oder sogar bedrängt fühlt. Gerade weil jeder Verkäufer blind unterschreiben würde, dass es unabdingbar ist, sich individuell auf jeden Kunden einzustellen, ist es so frappierend, dass dies in der Praxis so oft nicht gelebt wird. So belegt eine Studie der Beratung IBM Global Business Services für Europa und die USA, dass in rund 90 Prozent der Unternehmen die für den Kundenkontakt verantwortlichen Mitarbeiter natürlich ihr Angebot kennen, aber nicht in der Lage sind, konkret zu sagen, warum Konsumenten gerade bei ihnen kaufen sollten.

Vom Kunden und nicht vom Angebot her argumentieren

Empathie zeigen und anwenden

3. Zu einer intakten Kundenbeziehung gehören auch die gern zitierten SOFT SKILLS: allen voran Empathie, die Mischung aus Anteilnahme, Einfühlungsvermögen und Fingerspitzengefühl. Dies bedeutet für den Verkäufer, sich ganz auf

sein Gegenüber einzustellen, das heißt auch, die Beziehung über alle anderen Aspekte im Verkauf zu stellen.

Wird einer dieser Aspekte vernachlässigt, so ist es schwierig, ein langfristiges Vertrauensverhältnis zu dem Kunden aufzubauen. Deshalb sollte hier das Hauptaugenmerk des Verkäufers liegen.

Wie zentral ist für Sie der Aufbau einer vertrauensvollen Beziehung zu Ihrem Kunden?

Tipp 12 Überzeugte Kunden kommen wieder: Die Erkenntnisse Professor Cialdinis

Robert B. Cialdini, Professor für Psychologie und Verfasser des Buches *„Influence: Science and Practice“*, hat sich in seinen Forschungen sehr ausführlich damit auseinandergesetzt, wie es gelingt, andere für die eigenen Pläne zu gewinnen. Cialdini folgt im Wesentlichen der Linie derer, die sagen, dass sich jemand nur dann überzeugen lässt, wenn es für ihn Vorteile hat (welche auch immer).

Im Umkehrschluss heißt dies also, dass man niemanden überzeugen kann, wenn man es nicht schafft, dass der andere darin etwas Positives erkennen kann.

Im Kern muss genau dies die Orientierung auf die Belange des Kunden – Kundenorientierung – leisten!

Sechs Prinzipien, nach denen es gelingt, andere zu überzeugen

Cialdini definiert sechs Prinzipien, nach denen es gelingt, andere zu überzeugen – keine Gesetze (also: gelingt immer), sondern Prinzipien (also: sollte eigentlich so gelingen). Wieder keine Formel, der man blind folgen kann – schade –, trotzdem sind Cialdinis Erkenntnisse sehr beachtenswert!

Sympathie: *Gleich und Gleich gesellt sich gern*

Sympathie: Menschen mögen Menschen, die sie umgekehrt auch mögen. Das als Tupperparty bekannte Phänomen im Vertrieb illustriert vorzüglich, wie dieses Prinzip funktioniert. Die Vorführung von Tupperware wird privat von einer Einzelperson veranstaltet – fast immer einer Frau – die eine Reihe von Freunden, Nachbarn und Verwandten zu sich nachhause einlädt. In der Regel empfinden die Gäste für ihre Gastgeberin Sympathie und sind darum auch geneigt, ihr etwas abzukaufen. Studien des Kaufverhaltens auf solchen Vorführpartys bestätigten, dass sich die Zuneigung der Gäste für ihre Gastgeberin doppelt so stark auf ihre Kaufentscheidung auswirkt wie die Wertschätzung, die sie den gekauften Produkten entgegenbringen. Wenn also Gäste auf einer Tupperparty etwas kaufen, dann nicht nur, weil sie von den Produkten überzeugt sind, sondern vor allem, um ihrer Gastgeberin eine Freude zu machen.

Was für Tupperpartys zutrifft, gilt für das Geschäftsleben ganz allgemein: Wenn Sie auf Menschen einwirken wollen, machen Sie sich Freunde. Wie? Bei Untersuchungen unter kontrollierten Bedingungen stellten sich mehrere Faktoren heraus, die die wechselseitige Sympathie verlässlich erhöhen; zwei dieser Faktoren haben sich als besonders wirkungsvoll erwiesen: Ähnlichkeit und Lob.

Ähnlichkeiten und ausgesprochenes Lob verbinden Menschen miteinander

Im Laufe eines Experiments zeigte sich, dass sich bei einem Treffen bestimmte Teilnehmer enger zueinander stellten, nachdem sie erfahren hatten, dass sie gewisse politische Überzeugungen und gesellschaftliche Werte teilten. So ließ sich anhand von demografischen Daten aus Versicherungsakten belegen, dass potenzielle Kunden lieber bei solchen Vertretern einen Vertrag abgeschlossen hatten, die ihnen bezüglich Alter, Konfession, politischer Überzeugung oder selbst der Rauchgewohnheiten ähnelten.

Lob, der andere zuverlässige Sympathiebringer, verzückt und entwaffnet zugleich. Dabei braucht das Lob gar nicht immer verdient zu sein. So fanden Wissenschaftler der University of North Carolina heraus, dass Menschen solche Leute am meisten schätzen, die ihnen großzügig schmeicheln, selbst wenn das Gesagte nicht in allen Punkten zutrifft. Experimentelle Daten belegen: Positive Bemerkungen über die Eigenschaften, das Verhalten oder die Leistung einer anderen Person erhöhen deren Sympathie für den Lob Spendenden ebenso wie sie die Bereitschaft fördern, dessen Wünschen nachzukommen.

Auf Ihre Kundenorientierung angewandt, bedeuten diese Erkenntnisse:

> *Entdecken Sie echte Gemeinsamkeiten zu Ihren Kunden und verteilen Sie aufrichtiges Lob.*

Wechselseitigkeit: Menschen zahlen mit gleicher Münze zurück. Wir Menschen neigen dazu, andere so zu behandeln, wie wir von ihnen behandelt werden (wollen). Wenn Sie sich jemals dabei ertappt haben, dass Sie einem Kollegen zulächelten, nur weil der Sie zuvor angelächelt hatte, dann wissen Sie, wie dieses Prinzip funktioniert. Wohlfahrtsorganisationen stützen sich beim Spendensammeln auf das Prinzip der Wechselseitigkeit. Jahrelang verschickte eine Hilfsorganisation lediglich ein gut aufgemachtes Schreiben, das immerhin recht respektable 18 Prozent der Empfänger zu einer Spende veranlasste. Als man aber dazu überging, dem Brief ein kleines Geschenk beizufügen, wurde mit 35 Prozent fast eine Verdoppelung erreicht. Das Geschenk – persönliche Adressenaufkleber – war zwar sehr bescheiden, aber es ging gar nicht darum, *was* die potenziellen Geldgeber bekamen, sondern nur darum, *dass* sie überhaupt etwas bekamen und so Wertschätzung ausgedrückt wurde. Auch Mitarbeiter lassen sich gewinnen, wenn man ihnen so begegnet, dass sie sich akzeptiert und wertgeschätzt fühlen (▶ **Tipp 24**).

Wir neigen dazu, andere so zu behandeln, wie wir von ihnen behandelt werden

Für Ihre Kundenorientierung bedeutet das:

> *Behandeln Sie Ihre Kunden so, wie Sie auch selbst behandelt werden wollen.*

Gruppenzugehörigkeit: Menschen folgen ihresgleichen. Gemeinschaftswesen, die Menschen nun einmal sind, orientieren sich in hohem Maße an Personen aus ihrem Umfeld, wenn es um Hinweise geht, wie sie denken, fühlen und handeln sollen. Intuitiv wissen wir das alle, doch diese Art Intuition konnte auch durch Experimente bestätigt werden. So ging eine Gruppe von Forschern von Tür zu Tür und bat um Spenden für eine Wohltätigkeitsinitiative. Die Leute bekamen jeweils eine Liste mit den Namen von Nachbarn gezeigt, die schon etwas für den guten Zweck gegeben hatten. Wie sich herausstellte, korrelierte die Spendenbereitschaft mit der Länge der Spenderliste. Je länger diese wurde, desto größer war die Bereitschaft der Leute, ebenfalls zu spenden. Für die angesprochenen Personen waren die Namen der Freunde und Nachbarn auf der Liste eine Art gesellschaftlich bedeutsamer Hinweis darauf, wie sie sich verhalten sollten. Eine beliebige Liste mit

Menschen orientieren sich an ihresgleichen

Namen unbekannter Menschen wirkte dagegen bei Weitem nicht so überzeugend.

Empfehlungen gleichgestellter oder gleichgesinnter Personen stärken die Kundenbindung

Sie können dieses Prinzip nutzen, indem Sie mit den Empfehlungen begeisterter Kunden werben, wobei der Einfluss umso größer ist, je näher der Empfehlende Ihrem Kunden steht. Sagen Sie dem Einkäufer, dass andere Einkäufer bereits Ihr Produkt kaufen, sagen Sie dem Vertriebschef, dass bereits andere Vertriebschefs Ihr Produkt nutzen und nennen Sie dem Inhaber eines Unternehmens den Namen eines anderen Inhabers, der bereits Kunde bei Ihnen ist. Völlig unspezifische Empfehlungen wie: *„Herr O. aus B. schrieb uns …“* hinterlassen dagegen keinen seriösen Eindruck und haben auch keine signifikante Wirkung auf den Kaufprozess.

Für Ihre Kundenorientierung bedeutet das:

> *Nutzen Sie, wann immer möglich, den Einfluss von dem Kunden sozial vergleichbaren Personen.*

Nehmen Sie Ihren Kunden ein verpflichtendes Versprechen ab

Folgewirksamkeit: Menschen orientieren sich an ihnen klar gegebenen Zusagen. Ein weiterer Weg, Menschen zu überzeugen besteht darin, anderen ein verpflichtendes Versprechen abzunehmen. Wie Cialdinis Untersuchungen ergaben, ziehen es die meisten Leute vor, an einer Meinung festzuhalten, wenn sie diese erst einmal gewonnen oder sich öffentlich dafür starkgemacht haben. Andere Studien zeigen darüber hinaus, dass selbst eine kleine, scheinbar triviale Zusage von mächtigem Einfluss auf das künftige Handeln sein kann. So wurde die Hälfte der Bewohner einer großen Wohnanlage gebeten, eine Petition für die Einrichtung eines Erholungszentrums für Behinderte zu unterschreiben. Es war eine gute Sache und die Bitte unerheblich, sodass sich fast jeder Angesprochene bereitfand zu unterzeichnen. Zwei Wochen später wurden sämtliche Bewohner der Anlage nochmals zuhause aufgesucht. Dieses Mal ging es darum, etwas für die geplante Einrichtung zu spenden. Von denjenigen, die zuvor nicht um eine Unterschrift für die Petition gebeten worden waren, spendete gut die Hälfte. Dagegen waren von den Unterzeichnern erstaunliche 92 Prozent bereit, Geld zu geben. Diese Anwohner fühlten sich verpflichtet, zu ihrem einmal gezeigten Engagement zu stehen, weil sie es explizit, öffentlich und freiwillig bekundet hatten. Diese drei Merkmale verdienen besondere Aufmerksamkeit. Zuverlässige empirische Beweise sprechen dafür, dass ein ausdrücklich gefasster Entschluss – einer, der laut verkündet oder schriftlich niedergelegt oder auf sonstige Weise offenkundig gemacht wurde – das künftige Verhalten weit eher bestimmt als ein Entschluss, der unausgesprochen bleibt.

Für Ihre Kundenorientierung bedeutet das:

Versuchen Sie ausdrückliche, öffentliche und freiwillige Zusagen von Ihren Kunden zu erhalten.

Knappheit und Exklusivität wecken Begehrlichkeiten

Knappheit: Menschen möchten mehr von dem, wovon sie nur wenig bekommen können. Wie Studien immer wieder zeigen, gelten Dinge und Gelegenheiten als umso wertvoller, je schwerer sie erhältlich sind. Für Manager ist das eine äußerst hilfreiche Information. Dabei ist es bemerkenswert, dass bei einer Entscheidung die potenziellen Verluste eine größere Rolle spielen, als potenzielle Gewinne. Die Wirksamkeit einer entsprechenden „Verlust-Argumentation" zeigt folgende Studie:

Einer Gruppe von Eigenheimbesitzern wurde mitgeteilt, dass sie jeden Tag einen bestimmten Geldbetrag einsparen würde, wenn sie ihre Häuser vollständig isolieren ließe. Eine andere Gruppe bekam die Information, dass sie ohne Isolierung den entsprechenden Geldbetrag täglich verlieren würde. Unter dem Eindruck der Formulierung von Verlusten ließen signifikant mehr Leute ihre Häuser isolieren.

Einen weiteren „Kick" bekommt diese Strategie, wenn Sie vermitteln, dass eine bestimmte Information oder ein bestimmtes Angebot nur wenigen Menschen zugänglich ist. Die überzeugende Kraft von Exklusivität kann sich jeder Verkäufer zu Nutze machen, der in den Besitz von Informationen gelangt, die nicht allgemein verfügbar sind und die eine Idee oder Initiative stützen, von der er glaubt, der Kunde sollte sie aufgreifen.

Für Ihre Kundenorientierung bedeutet das:

Betonen Sie die einzigartigen Vorzüge Ihres Angebotes und die Exklusivität von Informationen.

Die Expertise neutraler Experten kann Ihre Argumentation untermauern

AUTORITÄT: MENSCHEN BEUGEN SICH DEM URTEIL VON EXPERTEN. Schon der römische Dichter Virgil gab vor 2.000 Jahren allen, die sich richtig entscheiden wollen, den Rat: *„Glauben Sie einem Experten."* Unabhängig davon, ob dieser Rat gut ist oder nicht – er beschreibt durchaus, wie sich Menschen tatsächlich verhalten. Wenn in der Presse beispielsweise die Ansicht eines bekannten Fachmanns zu einer Frage verbreitet wird, beeindruckt diese die öffentliche Meinung außerordentlich stark. Ein Zyniker könnte sagen, an solchen Ergebnissen zeigt sich eben, wie unterwürfig das breite Publikum ist. Fairer scheint die Erklärung, dass sich bei der großen Komplexität des Lebens heute mit einem gut gewählten Experten der Weg zu guten Entscheidungen auf ebenso nützliche wie effektive Weise abkürzen lässt. Und in der Tat erfordert die Beantwortung mancher Fragen – ob nun rechtlicher, finanzieller, medizinischer oder technischer Natur – ein solches Maß an Spezialkenntnissen, dass wir gar keine andere Wahl haben, als uns auf Experten zu verlassen.

Für Ihre Kundenorientierung bedeutet das:

> *UNTERMAUERN SIE IHRE ARGUMENTE, WANN IMMER ES GEHT, DURCH AUSSAGEN NEUTRALER EXPERTEN.*

> *WIE KÖNNEN SIE CIALDINIS ERKENNTNISSE IN IHRER VERKAUFSPRAXIS UMSETZEN?*

Tipp 13 Faktoren, die das Vertrauen Ihrer Kunden stärken

Ohne Vertrauen keine langfristige Kundenbindung

Um Kundenbindung zu erzielen, ist es notwendig, das langfristige Vertrauen der Kunden zu erwerben (▶ **TIPP 37**). Es ist ein langer Prozess bis zu dem Zeitpunkt, an dem ein Kunde schließlich kauft (▶▶ **TIPP 80 BIS 99**). In diesem Tipp beschäftigen wir uns mit den maßgeblichen vertrauensbildenden Maßnahmen.

Eine starke Marke bietet Orientierung

Kunden fassen Vertrauen,

- WENN SIE VON EINER MARKE ÜBERZEUGT SIND (▶ **TIPP 55**). Eine starke unverwechselbare Marke ist eines der wirkungsvollsten Argumente im Vertrieb. Haben Kunden einmal Vertrauen zu einer Marke gefasst, ist dies nur schwer zu erschüttern. Dabei ist es (jedenfalls im Consumer-Bereich) oftmals nicht so entscheidend, ob das jeweilige Produkt oder die infrage stehende Dienstleistung tatsächlich objektiv „gut" sind – die Marke zählt. In unseren übersättigten Märkten mit ihren vielen vergleichbaren Angeboten, deren Qualität für Laien nur schlecht zu beurteilen ist, bieten Marken vielen Käufern eine verlässliche Orientierung.

Wo immer Sie also können: Profilieren Sie sich, indem Sie Ihr Angebot und Ihre Leistung als Marke aufladen, der die Kunden vertrauen können. Markenbildung ist nicht allein den großen „Playern" vorbehalten, auch kleine Unternehmen können in ihrer Region oder einer speziellen Marktnische zu einer Marke werden.

Auch kleine Unternehmen können in ihrer Region oder einer Marktnische zur Marke werden

- Wenn Sie eine Empfehlung von einer Vertrauensperson erhalten. Wer von uns schon einmal einer Kaufempfehlung aus dem Bekannten- oder Kollegenkreis gefolgt ist, weiß, welches besondere Gewicht diese Empfehlungen haben (▶▶ **Tipp 57, 98**), weil sie neutral sind und doch aus berufenem Munde kommen; schließlich hat der Empfehlende nichts davon, wenn Sie seiner Kaufempfehlung nachkommen. Allerdings wird der Empfehlende in der Regel auch lediglich ein Mindestmaß an Kenntnis mitbringen, denn in den meisten Fällen ist er kein Fachmann. Der ausschlaggebende Faktor ist hier aber Vertrauen, nicht die Fachkenntnis.

  Sorgen Sie dafür, dass Sie viele Ihrer Kunden dazu bewegen, von Ihnen und Ihren Produkten, Dienstleistungen und Ideen zu erzählen.

Empfehlungen wirken besonders vertrauensbildend

- Wenn Sie sich in einem stimulierenden Umfeld wohlfühlen können. Hier geht es um die Gestaltung Ihrer Verkaufsräume oder das Auftreten Ihrer Außendienstmitarbeiter. Wenn Sie nicht gerade die Preisführerschaft anstreben oder innehaben, dann hängt viel von Ihrem Erfolg davon ab, wie wohl sich Kunden bei Ihnen fühlen. Schaffen Sie ein Einkaufsambiente, das den Vorstellungen Ihrer Kunden entspricht. Und achten Sie auf den Auftritt, den Ihre Berater und Verkäufer bei Außenterminen machen. Sie wissen doch: In zweitklassigen Anzügen kann man keine erstklassigen Geschäfte machen.

Eine stimulierende Atmosphäre schaffen

Die Mitarbeiter müssen Kundenorientierung ausstrahlen

- Wenn Sie vom Service-Spirit aller Mitarbeiter an- und mitgezogen werden. Das gelingt selbstverständlich nur dann, wenn die Mitarbeiter diesen „Spirit" auch in sich tragen und der kommt nicht von alleine. Lesen Sie dazu mehr in ▶ **Tipp 26**.
- Wenn Kunden durch die Überzeugungskraft eines einzelnen Kaufberaters gewonnen werden. Das persönliche Auftreten der Verkäufer ist in vielen Fällen die Chance, Kunden für das Unternehmen zu gewinnen. Gelingt es dem Servicepersonal im Verkaufsraum oder dem Verkäufer im Außendienst, eine persönliche Beziehung zu Kunden zu knüpfen, die diesen echten Nutzen stiftet (▶▶ **Tipp 74,75**) – im besten Falle sogar über das aktuell infrage stehende Angebot hinaus (▶ **Tipp 44**) –, entsteht eine tragfähige Vertrauensbasis, auf der sich nachhaltig aufbauen lässt.

Dem Kunden Nutzen stiften

Welche der hier genannten vertrauensbildenden Maßnahmen haben Sie in Ihrem Unternehmen schon umgesetzt?

Tipp 14 Preiszugeständnisse schaffen keine Begeisterung

Das Preisniveau eines Geschäfts weckt keine Begeisterung, sondern gleicht eher einer Eintrittskarte

Es ist ein weit verbreiteter Irrtum zu glauben, dass Preiszugeständnisse Kunden begeistern. Auch niedrige Preise haben damit nicht viel zu tun. Das Preisniveau eines Geschäfts weckt keine Begeisterung, sondern gleicht eher einer Eintrittskarte. Die meisten von uns waren noch nicht in einem Autosalon, der Ferraris und Lamborghinis verkauft – warum eigentlich nicht? Weil wir uns wohl selbst nicht als mögliche Käufer sehen. Was sollten wir dort? Würden wir in das Geschäft gehen, wenn der Ferrari statt 250.000 „nur noch" 200.000 Euro kosten würde? Wahrscheinlich auch nicht.

Was passiert im Kopf der Kunden, wenn Preise reduziert werden? Wer sich ein Produkt nicht leisten kann, wird auch bei fünf Prozent Rabatt nicht kaufen – er ist auch nicht begeistert von dem Rabatt. Wer es sich leisten kann und noch überlegt, für den kann der Rabatt ein letzter Anreiz zum Kauf sein – ob das Begeisterung ist, lassen wir einmal dahingestellt sein. Wer gerade zu einem höheren Preis gekauft hat und dann sieht, dass der Preis reduziert wurde, der ärgert sich. Für wen Geld keine Rolle spielt, der kauft sich das Produkt, egal, wie teuer es ist – und auch da findet keine Begeisterung statt.

Wenn Preisreduzierungen nicht zu Begeisterung führen, was dann? Lassen Sie es uns durchspielen:

- Kostenlose Zugaben eignen sich (ähnlich wie Rabatte) mehr dazu, dem Kunden einen letzten „Schubs" zum Kauf zu geben. Wirkt die Zugabe und der Kunde kauft, ist er aber nicht wirklich begeistert, weil er das Produkt entweder auch ohne Zugabe gekauft hätte oder – wenn die Zugabe den Ausschlag gegeben hat – er etwas erworben hat, das ihm nicht hundertprozentig gefällt.

  Kostenlose Zugaben werden in der Praxis zudem oft sogar eher geschäftsschädigend eingesetzt. Wir müssen uns darüber im Klaren sein, dass uns die Zugabe Geld kostet, das unseren Gewinn schmälert – wohlgemerkt nicht den Umsatz, sondern den Gewinn! Vielfach werden Zugaben auch nicht dazu genutzt, in besonderen Verhandlungssituationen noch ein Ass im Ärmel zu haben, sondern wie im Kölner Karnevalszug gleichsam an jeden verteilt – und dann kostet es richtig Geld und ist geschäftsschädigend.
- Kostenlose Dienstleistungen – siehe Zugaben
- Give-aways sind nette Kleinigkeiten, die vor, während, zum oder nach dem Verkauf an den Kunden, Mitarbeiter, Kinder des Kunden usw. verschenkt werden. Kleine Geschenke erhalten die Freundschaft, heißt es. Und das stimmt auch – aber Begeisterung? Wahrscheinlich eher nicht.
- Geschenke – der große Bruder der Give-aways. Wenn es statt eines Lamy-Kugelschreibers ein 15-teiliges Ess-Service gibt. Auch hübsch. Aber begeistert Sie das?

Kostenlose Zugaben, Give-aways und kleine Geschenke wecken in der Regel keine Begeisterung

Alles in allem haben diese Versuche, Begeisterung zu wecken, zwei Dinge gemeinsam: Sie verfehlen wahrscheinlich ihr Ziel und sie kosten Geld. Die Idee war, durch kleine Geschenke an das große Geschäft zu kommen. Für die meisten Kunden ist Geld nicht der wirkliche Engpass. Gewiss, jeder will sparen, wenn es geht und je weniger etwas kostet umso besser. Aber auch jeder Kunde weiß, dass er für ein gutes Produkt gutes Geld bezahlen muss. Und wenn dieses Verhältnis für ihn stimmt, ist er auch bereit, ohne kleine Geschenke zu kaufen.

Begeisterung lösen Sie seltsamerweise mit vielen Dingen aus, die (fast) nichts kosten und die sich der Kunde gar nicht kaufen kann. Es ist wie im richtigen Leben. Oma freut sich nicht besonders über die Schachtel Pralinen zum 80. Geburtstag (weil sie sich die auch selbst kaufen könnte). Aber sie ist begeistert, wenn sich ihr Enkel ein ganzes Wochenende um sie kümmert, mit ihr zusammen lacht, eine langsame Runde um den großen See geht etc. Davon erzählt sie noch Jahre.

Bei Ihren Kunden ist es nicht anders. Der Kugelschreiber ist schnell vergessen und dass Sie eine Zugabe auf das Produkt gelegt haben, ist meist nach fünf Minuten schon abgehakt. Begeistert sind Menschen von Dingen, die sie sich nicht kaufen können und die ihre Erwartungen übertreffen (▶ **TIPP 44**). Und genau an dieser Stelle sind Sie und Ihre Servicemitarbeiter gefragt. Jetzt ist es an der Zeit, den Unterschied zwischen Ihnen und Ihren Wettbewerbern auszuprägen. Freundlichkeit, Aufmerksamkeit, Beratungsqualität, Schnelligkeit, Mitdenken und Informationen über Zusatznutzen sind nur einige der Dinge, mit denen Sie punkten können. Durch die Beratungs- und Serviceleistungen Ihrer Mitarbeiter wird Begeisterung erzeugt.

Begeistert sind Menschen von Dingen, die sie sich nicht kaufen können und die ihre Erwartungen übertreffen

Es ist der einfachste und doch auch schwierigste Weg zum Ziel. Einfach, weil es wahrlich kein Hexenwerk oder eine intellektuelle Großleistung ist, all dies zu tun. Schwierig, weil wir fast verlernt haben, solche einfachen Dinge professionell umzusetzen. Fast niemand macht sich wirklich Gedanken um die Wohlfühl-Welt des Kunden. Wenn Sie es tun, sind Sie weit vorne – aber Sie müssen auch Ihre Mitarbeiter mitnehmen, denn die sollen es ja schließlich vor Ort umsetzen (▶ **TIPP 26**).

WELCHE NICHT UNMITTELBAR ERWARTBAREN BERATUNGS- UND SERVICELEISTUNGEN KÖNNEN SIE UMSETZEN, UM DIE BEGEISTERUNG IHRER KUNDEN ZU WECKEN?

Teil C Welche betrieblichen Voraussetzungen Sie schaffen müssen

Tipp 15 Die vier grundlegenden Schritte zur Umsetzung von Kundenorientierung

Konkrete Maßnahmen entscheiden und umsetzen

All Ihre Gedanken, wie Sie Ihr Unternehmen beim Thema Kundenorientierung aufstellen, werden nichts helfen, wenn nicht irgendwann einmal einige Entscheidungen gefällt werden.

Die erste Entscheidung ist strategischer Art:

- Macht es in Ihrem Fall überhaupt Sinn, das Thema anzugehen? Es gibt Unternehmen, die nicht auf Kundenbindung angewiesen sind (z.B. solche, die keine Stammkunden haben). Warum sollen sie sich mit dem Thema beschäftigen?
- Es gibt Unternehmen, die bereits bestens zum Thema aufgestellt sind, oder Unternehmen, die dem Thema kein Gewicht zumessen. Warum sollen sie sich mit dem Thema beschäftigen?

Wenn Sie sich aber dafür entschieden haben, das Thema Kundenorientierung doch weiterzuverfolgen, dann sind jetzt taktische Entscheidungen gefragt. Wie wollen Sie das Thema Kundenorientierung in Ihrer betrieblichen Realität angehen? Vier Schritte sind es, die Sie gehen sollten, um das Thema erfolgreich zu implementieren:

Überprüfbare Ziele formulieren

1. Definieren: Wo wollen Sie hin? In China heißt es: Wer das Ziel nicht kennt, kann den Weg nicht finden. Vieles wird Stückwerk bleiben, wenn die einzelnen Maßnahmen und Ergebnisse nicht an genauen Benchmarks kontrolliert werden können. Was sollen Kunden über Sie sagen? Wie zufrieden sollen sie sein? Woran werden Sie erkennen, dass Ihre Vorstellung von Kundenzufriedenheit oder Kundenbegeisterung erreicht ist?

Wo stehen Sie aktuell? Welche Voraussetzungen bringen Sie mit?

2. Messen: Sie benötigen eine Aufsetzmarke. Wenn Veränderung Ihr Ziel ist, müssen Sie einfach wissen, von wo aus Sie starten. Beschreiben Sie Ihre betriebliche Realität. Wie ist Ihre Kundenstruktur? Wie zufrieden sind Ihre Kunden jetzt (Messung durch externe Daten) und was tut Ihr Unternehmen als Ganzes dafür, dass Kunden zufrieden sind

(Messung durch interne Daten)? Welche Maßnahmen existieren schon, die in diese Richtung weisen? Am sichersten sind selbstverständlich so genannte Kundenzufriedenheitsbarometer. Externe Unternehmen können hier ganz konkret Zahlenmaterial für Sie einholen und aufbereiten. Die kleine Lösung dazu heißt eine eigene Kundenbefragung durchzuführen.

3. Massnahmen einleiten: Nun gilt es, ganz konkrete Managemententscheidungen herbeizuführen, Maßnahmen einzuleiten, die die gewünschte Veränderung hervorrufen werden. Die Kundenzufriedenheitsergebnisse werden eingesetzt, um klare Verantwortungen, exakte Ziele, zeitliche Abläufe und Termine für besseren Umgang mit dem Kunden zu beschreiben. Wenn Sie möchten, können Sie hier (und im folgenden Schritt) auch gerne Ihre Mitarbeiter beteiligen (▶ **Tipp 26**).
4. Erfolge überprüfen: In regelmäßigen (am besten vorher definierten) zeitlichen Abständen gilt es, die eingeleiteten Maßnahmen auf ihre Erfolgswirksamkeit hin zu überprüfen. Manche Maßnahmen sprechen für sich selbst, andere müssen kritisch hinterfragt werden, teilweise wird es nötig sein, zu korrigieren oder gar ganz andere Ansätze auszuprobieren.

Wann fangen Sie an, diese vier Schritte in die Realität umzusetzen?

Tipp 16 Kunden werden letztlich von Menschen begeistert

Kundenorientierte Mitarbeiter sind die Grundvoraussetzung für das Gelingen von Kundenbindungsmaßnahmen (▶ **Tipp 14**). Nur dann, wenn die Mitarbeiter mit Kundenkontakt den Gedanken mittragen, kann er erfolgreich umgesetzt werden.

Mitarbeiter sind der Träger einer entsprechenden Unternehmenskultur (▶ **Tipp 20**), die sich auch als innere Haltung bei ihnen widerspiegeln muss.

Prinzipiell brauchen Sie mit anderen Maßnahmen gar nicht erst zu beginnen, bevor diese „Baustelle“ geprüft und bestehende Probleme behoben wurden.

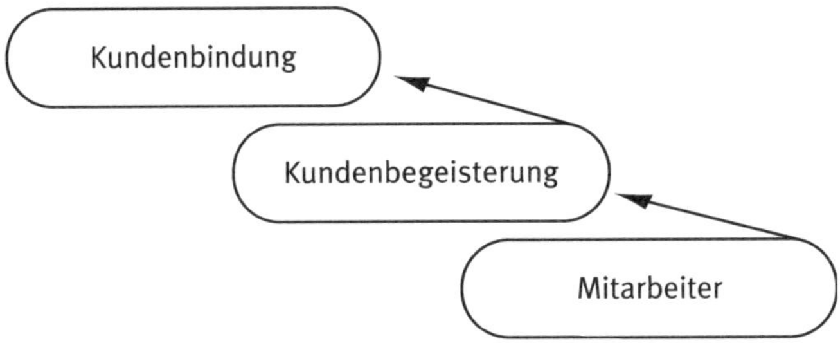

Abb. 2: Ohne entsprechend motivierte Mitarbeiter keine Kundenbindung

Denn gleichgültig, welche Maßnahmen Sie auch einleiten:

> *AM SCHLUSS STEHT EIN INTERESSENT ODER KUNDE VOR EINEM MITARBEITER – UND DANN MUSS ES KLAPPEN!*

> *WIE WEIT SIND SIE UND/ODER IHRE MITARBEITER MIT DEM GEDANKEN DER KUNDENORIENTIERUNG (KUNDENBEGEISTERUNG) VERTRAUT?*

Tipp 17 Kundenorientierung bedeutet zunächst einmal Nähe zum Mitarbeiter

Der Jesuit und Unternehmensberater Rupert Lay hat das Wort von der „offenen Kommunikationsgemeinschaft" geprägt. Was steckt dahinter und warum ist eine offene Kommunikationskultur die Voraussetzung für Kundenbegeisterung?

Als Systeme stehen Unternehmen in vielfältigen Wechselbeziehungen. Zunächst einmal sind sie nach außen orientiert, schließlich wollen sie mit ihrer Leistung Gewinne erwirtschaften. Sind sie einzig auf dieses Ziel, ihren „Output", hin ausgerichtet, müssen sich auch die Mitarbeiter den entsprechenden Zielvorgaben bedingungslos unterordnen und haben nur wenig Möglichkeiten für eine persönliche Einflussnahme. Das in einem solchen Unternehmen herrschende Klima vergleicht Lay mit dem in einer Institution, deren Abläufe nach festen Regeln erfolgen. Die Mitarbeiter überwachen und vollziehen diese Abläufe wie Beamte und machen im schlimmsten Falle „Dienst nach Vorschrift".

Wenn Unternehmen wie Institutionen agieren, werden sie ihre Kunden nicht begeistern

Dass es nicht allzu erfreulich zugeht, wenn Kunden auf solche Beamte treffen, ist hinlänglich bekannt. Nach dem Motto *„Friss Vogel oder stirb"*, hat der Kunde mit der gebotenen „Serviceleistung" zufrieden zu sein – und wenn nicht, zieht das lediglich die Konsequenz nach sich, dass der Kunde abwandert, wenn der Anbieter kein Monopol auf seine Leistung hat – was aber bei Institutionen leider oft der Fall ist.

Eine offene Kommunikationskultur (▶ **TIPP 24**) achtet dagegen nicht nur auf den „Output", sondern auch auf den „Input". Sie ist also auch nach innen hin durchlässig und zwar in zweierlei Hinsicht: Zum einen bindet man die Wünsche, Erwartungen und Vorstellungen der Mitarbeiter entsprechend ein und zum anderen hat man ein offenes Ohr für Kritik und Anregungen der Kunden.

Voraussetzung für Kundennähe ist die Nähe zu den eigenen Mitarbeitern

Das Ergebnis: Der Kontakt zwischen Mitarbeitern und Kunden gestaltet sich nicht wie am Schalter einer Institution, sondern entwickelt sich im besten Fall dahingehend, Kundenbegeisterung auszulösen.

Da es letztlich immer ein ganz konkreter Mitarbeiter ist, der den „Output" des Unternehmens an die Kunden verkauft und deren „Input" ins Unternehmen weiterleitet, wird Folgendes klar:

WILL EIN UNTERNEHMEN WISSEN, WIE NAH ES SEINEN KUNDEN IST, DANN SOLLTE ES ZUNÄCHST EINMAL PRÜFEN, WIE NAH IHM DIE EIGENEN MITARBEITER SIND.

HABEN UND FÖRDERN SIE EINE OFFENE ODER EINE INSTITUTIONELLE KOMMUNIKATIONSKULTUR?

Tipp 18 Kundenbegeisterung wirkt sich positiv auf Ihr gesamtes Unternehmen aus

Unternehmen, deren Angebote und Mitarbeiter, Kunden und Märkte sind keine eigenständigen Größen, die voneinander isoliert betrachtet werden könnten, sondern stehen in wechselseitigen Abhängigkeiten (▶▶ **TIPP 22, 38**). Deshalb ist die leider verbreitete Ansicht, dass Kundenbegeisterung ja gut und schön sei, aber letztlich nur die Kunden glücklich mache, nicht nur unzutreffend, sondern auch wenig zielführend.

Dass von Kundenbegeisterung vielmehr auch Mitarbeiter und Unternehmen profitieren, zeigt folgender Kreislauf:

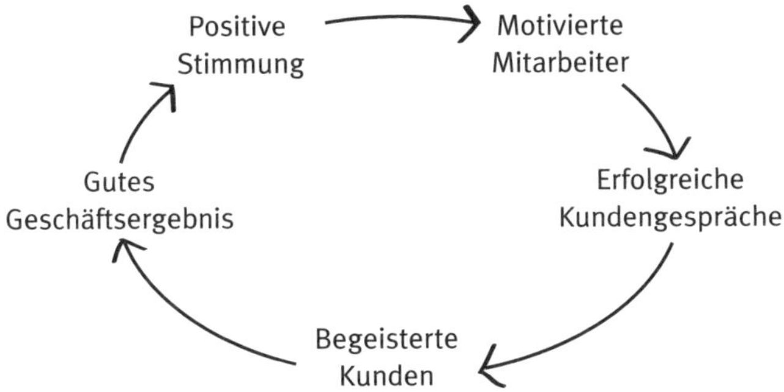

Abb. 3: Kundenbegeisterung und ein positives Betriebsklima bedingen sich wechselseitig

Sie können nun einmal überlegen, an welcher Stelle Sie als Verkäufer oder verantwortliche Führungskraft in diesem Kreislauf ansetzen können. Wahrscheinlich werden Sie am ehesten versuchen, eine positive Stimmung zu schaffen.

Kundenbegeisterung zu erzeugen, ist ein sehr komplexer Prozess

Die Dinge sind allerdings weitaus komplexer als diese Darstellung vermuten lässt:

- Der Kreislauf bildet nicht alle Einflussfaktoren ab. Selbstverständlich nicht, denn jedes Modell vereinfacht die Welt, deshalb heißt es ja auch Modell. Viele kleine und große Einflussfaktoren sind hier nicht berücksichtigt. Beispielsweise hat die aktuelle Befindlichkeit der handelnden Personen (familiäre Situation, der „Parkrempler" am Morgen, ein krankes Kind zuhause, die bevorstehende Beförderung des Partners, der Gewinn der Vereinsmeisterschaft am letzten Wochenende) maßgeblichen Einfluss auf das Zustandekommen von Kundenbegeisterung.
- Kundenbegeisterung lässt sich nicht mechanisch erzeugen. Nicht immer kommt am Ende einer Kette von Wirkungen auch das heraus, was wir beabsichtigt haben. Und selbst wenn es gelingt, muss das nicht an allen Tagen so sein. Das hat etwas damit zu tun, dass wir es hier nicht mit Fertigungsabläufen zu tun haben, sondern der Erfolg maßgeblich durch den menschlichen Faktor bestimmt wird.

- Die einzelnen Glieder der Wirkungskette beeinflussen sich gegenseitig. Der motivierte Mitarbeiter hat nicht nur Einfluss auf das Kundengespräch, sondern dessen Verlauf wirkt auch auf den Mitarbeiter. Gelingt dieses Gespräch einmal nicht wie erwartet, lässt es den Mitarbeiter etwas weniger motiviert zurück. An jeder Stelle in diesem Kreislauf könnten wir also auch einen – zumindest kleinen – Pfeil in die Gegenrichtung machen.

Ist es da überhaupt realistisch, gezielt Kundenbegeisterung anzustreben, indem man für eine gute Grundstimmung im Unternehmen sorgt, oder sollte man das Ganze besser dem Zufall überlassen?

Wir sagen eindeutig: Der Versuch wird sich auszahlen! Denn was wäre die Alternative? Der Kreislauf mit umgedrehten Vorzeichen: Schlechte Stimmung, demotivierte Mitarbeiter, misslingende Kundengespräche, enttäuschte Kunden, ein schlechtes Geschäftsergebnis. Und das besonders Frustrierende an diesem Kreislauf ist, dass er mit schlechten Vorzeichen seltsamerweise doch „mechanistisch" verläuft; wir können darauf wetten, dass, wenn Sie schlechte Stimmung „eingeben", auch ein schlechtes Geschäftsergebnis herauskommen wird.

Begeisterte Kunden wirken auf das Unternehmen zurück

Kundenbegeisterung wird einen Einfluss auf Ihr gesamtes Unternehmen haben. Und darüber hinaus nicht nur auf Ihr Unternehmen. Ein gut gelaunter, motivierter Mitarbeiter wird diese positive Stimmung in einen anderen Kreislauf mitnehmen: seine Familie. Dort wird er wiederum positive Anreize geben können und auch positive Rückmeldungen bekommen. Diese bringt er wieder in den Kreislauf des Unternehmens mit ein – hier potenzieren sich die Interdependenzen vieler kleiner und großer Kreisläufe.

Wir möchten hier nicht den Eindruck erwecken, als wären alle Probleme auf dieser Welt sofort damit gelöst, dass wir nur positiv zu denken brauchten. Aber wir sind Verfechter des Gedankens, dass es positive Gedanken braucht, um einen Fortschritt zu erzielen. Wenn alle den Kopf in den Sand steckten und nicht mehr zukunftsfroh an die Aufgaben herangingen, dann wäre es sehr schlecht bestellt. Das wäre die Alternative mit den negativen Vorzeichen – und die funktioniert ausgezeichnet, nur leider in die falsche Richtung!

Was können Sie tun, um die Stimmung in Ihrem Unternehmen zu verbessern, sodass die Mitarbeiter positiv auf die Kunden einwirken können?

Tipp 19 Der Kundenwert lässt sich nicht direkt aus den Angebotsmerkmalen ableiten

Ohne den für ihn individuellen Wert eines Angebotes zu erkennen, kauft niemand ein Produkt oder nimmt einen Service in Anspruch. Dabei lässt sich der Wert, den ein Angebot für den Kunden hat, nicht statisch aus den Charakteristika eines Produktes oder einer Dienstleistung ableiten. Denn der objektivierbare, funktionale Nutzen spielt bei einem Kauf eine wesentlich geringere Rolle als man gemeinhin glaubt.

Der funktionale Nutzen spielt bei einem Kauf eine wesentlich geringere Rolle als man glaubt

Der wäre beispielsweise bei einer Outdoorjacke, dass sie wärmt und schützt, eine Kapuze hat oder nicht und gut zu handhaben ist. Objektivierbar ist vielleicht auch noch, ob sie der aktuellen Mode oder einem Retrotrend entspricht. Ob sie aber auch tatsächlich einen konkreten Käufer findet, hängt nicht nur von dessen Geschmack und Stilempfinden, sondern auch von seinem sozialen Umfeld ab, weiterhin von seiner Selbsteinschätzung und seiner Wunschvorstellung von sich, von dem Image, das der Anbieter bei ihm genießt, von seinen aktuellen finanziellen Möglichkeiten etc. Letztlich spielen auch nicht einmal dem Käufer selbst bewusste Motive und Emotionen eine Rolle.

Es wird klar, dass sich die Frage, ob alle diese Kriterien für diesen bestimmten Käufer erfüllt sind, nicht unmittelbar durch die vom Anbieter festgelegten Charakteristika der Outdoorjacke beantworten lässt.

Der Wert, den ein Angebot für einen Kunden darstellt, umfasst also immer mehr Faktoren, als sich unmittelbar aus den Produktmerkmalen ableiten lassen. Eine funktionale Outdoorjacke findet ein Käufer überall. Befriedigt ein Kunde hier also lediglich einen notwendigen Bedarf (▶ **Tipp 6**), ist er in der Regel allenfalls zufrieden, nicht aber begeistert.

Kundenbegeisterung und Kundenbindung entstehen erst dann, wenn durch einen Kauf möglichst viele der damit bewusst oder unbewusst verbundenen Wertvorstellungen des Kunden erfüllt werden.

Begeisterung entsteht, wenn durch einen Kauf möglichst viele Wertvorstellungen erfüllt werden

Wenn Sie Ihre Kunden begeistern wollen, sollten Sie also versuchen, nicht nur funktionalen Nutzen zu argumentieren, sondern ein Wertversprechen (VALUE PROPOSITION) zu geben.

Natürlich müssen Sie hier zunächst bei den faktenorientierten Nutzenargumenten ansetzen. Ihr Geschäftsmodell sollte sich aber nicht ausschließlich über die Merkmale Ihres Angebots definieren, sondern über den Wert, den es für Ihren Kunden hat oder haben kann. Offensichtliche oder von Ihnen ermittelte Kundenprobleme können dabei ein Ansatzpunkt für die Formulierung Ihrer Value Proposition sein. Seien Sie sich aber bewusst, dass der Wert einer Lösung immer aus dem Blickwinkel des Betrachters, also Ihres Kunden erwächst.

Der Wert Ihres Angebots realisiert sich im Blickwinkel Ihres Kunden

Erklären Sie in kurzen, prägnanten Worten den (vermuteten) Wert und den Nutzen, den Ihr Kunde mit Ihrer Lösung realisieren kann. Zu Beginn eher allgemein, im Laufe des Verkaufsprozesses spezifischer und detaillierter (da Ihnen mit dem Fortschritt der Kundenkommunikation der Wert der angebotenen Lösung für den Kunden immer deutlicher wird). Ziel ist es, eine klare Aussage über den Wert Ihrer Lösung für den Kunden zu treffen.

WELCHEN ANGEBOTSWERT VERMITTELT IHRE KOMMUNIKATION IHREN KUNDEN?

Tipp 20 Machen Sie Ihr Unternehmen fit für die Kundenbegeisterung

Kundenbegeisterung hängt von vielen Faktoren ab

Kundenbegeisterung hängt von vielen Faktoren ab (▶ **TIPP 39**). Um Ihr Unternehmen dafür „fit“ zu machen, lohnt es sich, sich diese verschiedenen Bereiche einmal anzusehen. So wie jeder gute Sportler nur dann Bestleistungen erbringen kann, wenn die biologischen Voraussetzungen erfüllt sind, so geht es auch Ihrem Unternehmen. Und wie bei jedem Sportler auch, ist die Vorbereitung für das „Fit sein“ manchmal vielleicht etwas mühsam. Denn, was bei einem Sportler Training ist, bedeutet für Sie: Messen und bewerten!

Wo stehen Sie aktuell?

Dafür hat sich eine recht einfache Methode sehr gut bewährt. Sie nehmen die Bewertung auf einer Zehnerskala selbst vor. Die Wertung 1 heißt: Das können wir überhaupt nicht – die Wertung 10 bedeutet: Das können wir perfekt!

Folgende Bereiche sollten Sie prüfen und bewerten:

Schwächen-Analyse

Zuerst sollten Sie messen, was Sie nicht so gut können – Schwächen-Analyse ist das Fachwort. Schauen Sie sich dazu auch bei Ihren Mitbewerbern um. Was können Sie (noch) nicht so gut? Hierzu zählen alle Fähigkeiten und Fertigkeiten, die als Prozess in Ihrem Unternehmen abgebildet werden können. Was können Sie selbst nicht so gut? Was können die Führungskräfte nicht so gut? Was können die Mitarbeiter nicht so gut? Was können die Verkäufer nicht so gut? Was kann Ihre Logistik nicht so gut? Was können die Einkäufer nicht so gut?

Stärken- und Potenzialanalyse

Fast automatisch gelangen Sie so auch an Bereiche, bei denen Sie eine gute Note vergeben können. Vielleicht so: Ein Verkäufer ist nicht sehr argumentationsstark, hat aber sofort einen guten Draht zu den meisten Kunden! Im Vorübergehen haben Sie etwas entdeckt, das Ihr Unternehmen gut kann – Sie machen also fast gleichzeitig eine Stärken-Analyse. Schon allein die Tatsache, Ihr Unternehmen nach Stärken und Schwäche zu durchforsten, sie aufzulisten und so präsent zu haben, bringt einen Wissensvorsprung. Im nächsten Schritt geht es darum, allen Beteiligten die Stärken vor Augen zu führen, damit sie es wissen und nicht wieder vergessen – und die Schwächen Stück für Stück gemeinsam anzupacken und auszumerzen.

Produkt-, Angebots- und Konkurrenzanalyse

Eine weitere Betrachtung verdienen Ihre Produkte, Dienstleistungen oder Ideen, die Sie verkaufen. Wie gut sind sie wirklich? Im Bezug zu anderen Produkten auf dem Markt; im Bezug zu den Anforderungen der Kunden und im Bezug zum Gewinn, den sie einbringen. Machen Sie eine Produkt-Analyse; schonungslos. Schauen Sie, welche Angebote effizient sind und welche eher nicht. Und fragen Sie sich, warum Sie die nicht effizienten Produkte überhaupt noch im Angebot haben. Manche Produkte sind nur noch deshalb im Portfolio, weil man vergessen hat, sie zu entfernen; rentabel sind sie schon lange nicht mehr.

Service- und Dienstleistungsanalyse

Und selbstverständlich machen Sie eine Service- und Dienstleistungsanalyse. Welche Dienstleistungen bieten Sie überhaupt an? Welche Dienstleistungen haben Ihre Mitbewerber? Welche Dienstleistungen möchten Ihre Kunden gerne in Anspruch nehmen? – Und warum nehmen Sie so etwas nicht in Ihren Servicekatalog auf?

Gerade wenn hier naheliegende Antworten in die Richtung gehen, das sei zu teuer oder ließe sich nicht umsetzen, fängt die Arbeit erst richtig an. Denn nun heißt es: Und was wäre, wenn es doch ginge? Beschreiben Sie bitte zuerst die Auswirkungen, die es hätte, wenn der entsprechende Punkt doch umgesetzt würde. Was passiert eigentlich, wenn wir im Kassenbereich Servicepersonal einsetzen, das die Einkäufe zum Fahrzeug des Kunden bringt? Was geschieht, wenn wir die Verkaufsmannschaft von sechs auf zehn Verkäufer ausbauen?

Denken Sie bitte zuerst durch, welche positiven Folgen die Umsetzung einer Idee haben könnte. Und dann, erst danach (!), stellen Sie diesen Gedanken Ihre Bedenken gegenüber.

Nur so haben Sie die Chance, auch wirklich Neues zu bewegen. Wenn Sie immer den gleichen Gedankenmustern folgen, werden Sie keine neuen Wege einschlagen; wie denn auch? Ihre Ideen scheinen ein einziger Dschungel zu sein? Nun: Ein Weg entsteht dadurch, dass man ihn geht! Also los!

Standort- und Vertriebsgebietsanalyse

Und wenn Sie schon einmal beim Großreinemachen in Ihren Gedanken sind, machen Sie gleich noch eine Standort- und Vertriebsgebietsanalyse. Sind Sie dort, wo Sie gerade aktiv sind, tatsächlich so gut aufgehoben? Sind andere Standorte oder Vertriebsgebiete nicht besser geeignet? Kommen wirklich die Kunden ins Geschäft oder erreichen Sie die Kunden, die Sie ansprechen möchten und sollten? Kommen genügend davon? Ist die Logistik, die Sie haben sollten, hier überhaupt machbar? Und: Welche Alternativen kommen in Betracht?

Bei all diesen Gedanken geht es darum, sich selbst, Ihr Unternehmen, Ihre Mitarbeiter und sämtliche eingefahrenen Gewohnheiten infrage zu stellen. Vieles von dem wird sich als gut herausstellen – sonst wären Sie auch sicherlich nicht mehr auf dem Markt. Aber vieles wird sich auch als verbesserungswürdig herausstellen, denn sonst würden Sie nicht in diesem Buch lesen. Behalten Sie das, was gut ist und verändern Sie, was noch nicht so gut ist. Fangen Sie mit den Punkten an, die auf Ihrer Skala im Bereich unter „vier“ liegen.

Wichtig sind diese Gedanken, weil Sie erst dann Kunden begeistern können, wenn Sie auch etwas vorzuweisen haben.

> *Kennen Sie Ihre Schwächen und Stärken und wissen Sie, welche Potenziale sich zu erschliessen lohnen?*

Tipp 21 Erliegen Sie nicht dauerhaft Zweifeln gegenüber dem eigenen Angebot

Im Laufe der Zeit nimmt man die Fehlbarkeit des eigenen Unternehmens wahr

Verkäufer oder Vertriebsmitarbeiter, die bereits einige Zeit im Unternehmen sind, erkennen in der Regel ab einem gewissen Punkt, dass das angebotene Produkt und der Service nicht immer ganz so rosig aussehen, wie es in den Unternehmensbroschüren dargestellt wird. Je höher der persönliche Anspruch an nahtlos ablaufende Prozesse und perfekte Produkte ist, desto kritischer wird die Fehlbarkeit des eigenen Unternehmens wahrgenommen.

Kunden begeistern, auch wenn man nicht hundertprozentig überzeugt ist

Dieses Wissen um die nicht ideale interne Unternehmenswelt nimmt ein Verkäufer mit in jedes Verkaufsgespräch. Die Schwierigkeit liegt nun darin, Kunden für das Angebot zu begeistern, obwohl die innere Überzeugung nicht mehr hundertprozentig ist. Wie kann man mit dieser Situation umgehen?

Hier ein paar Denkansätze:

- Fokus auf das, was gut funktioniert: Nicht allzu selten kommt es vor, dass sich eine gesamte Vertriebsmannschaft bei internen Meetings nur noch über das unterhält, was nicht funktioniert. Natürlich ist es wichtig, das Zusammensein als Ventilfunktion für Frustsituationen zu nutzen, jedoch gilt es auch in der internen Kommunikation darauf zu achten, die Vorteile, das Gute am eigenen Produkt und Unternehmen nicht aus den Augen zu verlieren.
- Um positiv eingestellt zu bleiben, hilft es manchmal zu realisieren, dass in den Konkurrenzunternehmen vielleicht auch ähnliche Schwierigkeiten bestehen. Gerne sieht unser Verstand die eigenen Fehler und glaubt, dass bei anderen alles glatt verläuft.
- Um realistische Erwartungen beim Kunden zu schaffen, sollte sich der Verkäufer vor dem Gespräch klar vor Augen führen, wie er auf die Schwierigkeiten innerhalb des Unternehmens im Gespräch mit dem Kunden eingehen wird. Wie kann man die Wahrheit so darstellen, dass der Fokus auf dem Nutzen der angebotenen Lösung für den Kunden bleibt?

WIE VIEL ZEIT VERWENDEN SIE DARAUF, ÜBER DIE PROBLEME INNERHALB IHRES UNTERNEHMENS NACHZUDENKEN?

Teil D Was Sie als Erstes in Angriff nehmen sollten

Tipp 22 Ohne entsprechende Unternehmenskultur kann keine Kundenbindung gelingen

Ein Unternehmen kann noch so maßgeschneiderte Konzepte haben, um Kunden zu begeistern, wenn es die Mitarbeiter auf diese Reise nicht mitnimmt, dann verpuffen solche Konzepte völlig wirkungslos. Den Mitarbeiter mitnehmen, heißt hier, echtes und nicht nur scheinbares Interesse an ihm zeigen (▶▶ TIPP 16, 26).

Unternehmenskultur und Kundenorientierung beeinflussen sich wechselseitig

Beginnen Sie also mit der Beschreibung der Unternehmenskultur als „Summe aller Denk- und Verhaltensmuster" in Ihrem Unternehmen. Wie ist das (allgemeine) Verhalten aller Mitarbeiter zueinander? Wie ist das (allgemeine) Verhalten der Führungskräfte zu den Mitarbeitern? Dieses so genannte CORPORATE BEHAVIOUR und das grundsätzliche Verständnis der Mitarbeiter des Themas Kundenbegeisterung beeinflussen sich gegenseitig. Maßnahmen zur Verbesserung des Corporate Behaviour wirken sich auf die Kundenbegeisterung aus und auch umgekehrt wird ein erfolgreicher Umgang mit den Kunden positiv auf das Verhältnis der Mitarbeiter untereinander abfärben. Ist die Kultur im Unternehmen dagegen nicht menschenzentriert, wird die Umsetzung von Kundenbegeisterung nur schwerlich möglich sein.

Der nächste zu betrachtende Punkt ist die CORPORATE COMMUNICATION. Die Art und Weise des Austauschs von Informationen per Brief, per Mail, per Telefon und persönlich gibt einen Aufschluss darüber, wie das Unternehmen im Inneren „tickt". Herrscht eine offene Kommunikationskultur oder pflegt das Management sein Herrschaftswissen und hält die Mitarbeiter an der kurzen Leine? Damit Mitarbeiter gut mit Kunden kommunizieren können, müssen die Führungskräfte gut mit den Mitarbeitern kommunizieren. Wie ist das bei Ihnen?

Die Außenwahrnehmung sollte widerspiegeln, dass sich die Mitarbeiter mit dem Unternehmen identifizieren

Der letzte Punkt ist das Corporate Design. Wie wirkt Ihr Unternehmen nach außen? Und hierzu gehören nicht nur lediglich das Logo und die Gestaltung von Prospekten. Die Frage ist, ob die Außenwahrnehmung widerspiegelt, dass sich die Mitarbeiter mit dem Unternehmen identifizieren. Stehen Ihre Mitarbeiter und Führungskräfte hinter Ihnen? Nur dann werden Sie auch die eigene innere Haltung dazu aufbringen, Ihr Unternehmen mit Stolz nach außen zu präsentieren. Und diese Einstellung ist sehr förderlich, wenn Sie oder Ihre Mitarbeiter Kunden begeistern sollen. *„Wer andere entzünden will, muss selber brennen."* Alles andere wird sehr, sehr schwierig.

Kundenbegeisterung ist eine innere Haltung – das sollten wir so weit festhalten.

Eine innere Haltung benötigt keine täglichen Anweisungen, was zu tun ist, sondern lebt aus dem tieferen Verständnis der Organisation. So wie Sie Ihr Haus in Ordnung halten. Sie benötigen da von keiner Institution Hinweise, wann wieder einmal zu putzen ist – Sie wissen es einfach! Diese innere Haltung findet ihren Ausdruck in der Fähigkeit, sich schnell und flexibel an die Veränderungen des Kundenverhaltens anzupassen.

Wie sicher sind Sie, dass Sie und Ihre Mitarbeiter diese Geisteshaltung in sich tragen?

Tipp 23 Die Mitarbeiter in den Prozess der Kundenbegeisterung involvieren

Da die meisten Mitarbeiter nicht wie Unternehmer denken, ist es nötig, sie von Anfang an mit ins Boot zu holen. Für viele Mitarbeiter ist die Arbeitsstelle eine Institution, an der sie etwas von ihrer Lebenszeit gegen Geld eintauschen. Der entscheidende Punkt ist, dass sie Zeit tauschen und keine Effektivität, keine Produktivität, keine Arbeit und schon gar keine Leistung. Die übliche Erwartungshaltung ist es auch, dass es Aufgabe des Unternehmers (in den meisten Fällen eines Repräsentanten des Unternehmers, also der Führungskraft) ist, diese Zeit zu füllen. Nur wenige Mitarbeiter „sehen" die Dinge, die zu tun sind. Nur wenige Mitarbeiter denken für das Unternehmen mit und initiieren Wertschöpfung. Und weil nur so wenige Mitarbeiter diesen unternehmerischen Blickwinkel einnehmen, kommen auch nur wenige von selbst darauf, dass es ihre Aufgabe ist, Kunden zu begeistern. Wenn ein Kundenkontakt besteht, dann wird ein Prozess abgearbeitet – ganz unabhängig davon, was bei dem Menschen los ist, mit dem der Mitarbeiter gerade redet.

Kunden zu begeistern ist für viele Mitarbeiter zunächst kein Anliegen

Noch vor Kurzem hatten wir ein Erlebnis dieser etwas seltsamen Art. Nach mehreren vergeblichen Versuchen, telefonisch einen Mitarbeiter wegen einer Reklamation zu erreichen, gelang das Unwahrscheinliche: Ein Mensch war am Telefon! Leider gab dieser zu verstehen, dass nicht er der zuständige Sachbearbeiter sei, sondern sein Kollege, der ihm gegenübersäße, nur eben gerade jetzt nicht, weil er in einer Besprechung sei. Wir baten nun diesen Mitarbeiter, seinem Kollegen einen Zettel auf den Schreibtisch zu legen, dass er bitte zurückrufen möge. Die Antwort kam prompt und bürokratisch: *„Rückrufe sind bei uns nicht vorgesehen, dann würden wir ja den ganzen Tag nur mit Kunden telefonieren, die eine Reklamation haben!"* – Ja, dachten wir da nur, das könnte wohl sein – und eine Reklamationsabteilung kann solche Sachen nun wirklich nicht gebrauchen.

Mitarbeiter müssen nachvollziehen, was Kundenbegeisterung mit ihrem Arbeitsplatz zu tun hat

Dies ist eine typische Situation, die Ihnen immer wieder mit Mitarbeitern passieren kann, die nicht verstanden haben, dass es ihren Job ausschließlich deshalb gibt, weil es Kunden gibt, die ein Anliegen haben (▶ **Tipp 1**). Mitarbeiter müssen also nachvollziehen, was Kundenbegeisterung mit ihrem Arbeitsplatz zu tun hat.

Doch selbst wenn Mitarbeiter verstanden haben, dass es eine wichtige Beziehung gibt zwischen der Zufriedenheit und der Begeisterung eines Kunden und ihrem eigenen Einkommen, dann ist leider auch noch nichts gewonnen. Der Mitarbeiter ist jetzt offen für Botschaften; aber wie lauten diese Botschaften? Die Aufforderung heißt ja: *„Bitte verhalte dich so, dass unsere Kunden begeistert von uns sind."* Ihr Mitarbeiter fragt zu Recht zurück: *„Und wie geht das? Was erwartest du da von mir? Was soll ich jetzt anders machen als vorher?"* Hier also muss Ihr Mitarbeiter lernen, welche (neuen) Verhaltensweisen von ihm gefordert sind.

Wenn Mitarbeiter gelernt haben, wie sie sich anders verhalten sollen, dann setzen sie es leider noch lange nicht um. Und das geschieht nicht aus bösem Willen; das möchten wir niemandem unterstellen. Doch wir wissen aus der Psychologie und der Pädagogik, dass es ein schwieriger Eingriff ist, das eigene Verhalten zu verändern – auch wenn der Mensch noch so überzeugt davon ist.

Es bleiben zum Beispiel Zweifel daran, ob das neue Verhalten tatsächlich so wirkungsvoll ist, wie man es erhofft – die

Frage Ihrer Mitarbeiter dazu lautet: *„Und was passiert, wenn es anders läuft als geplant?“* Mit seinem alten Verhalten hat er keine Probleme, die Ergebnisse daraus kennt er genau; aber bei dem neuen Verhalten?

Weiterhin muss der Mitarbeiter daran denken, dass er beim Vorliegen bestimmter Kriterien nun etwas anders machen soll. Über sein altes Verhalten brauchte er nicht nachzudenken, das floss aus ihm heraus, damit war er vertraut. Viel schwieriger ist es, im Tagesgeschäft überhaupt daran zu denken, dass man beim Vorliegen bestimmter Parameter etwas anders machen wollte. Wir begleiten Verkäufer sehr häufig „on the Job“, und da beobachten wir dieses Verhalten immer wieder. Wenn wir nach dem Gespräch fragen: *„Sie wollten doch an einer bestimmten Stelle etwas anders machen, das habe ich aber nicht beobachtet. Was war der Grund?“*, gibt es häufig große Augen und die Antwort: *„Das habe ich gar nicht mitbekommen, die Situation nicht als solche erkannt.“*

Routine und die Macht der Gewohnheit durchbrechen

Ihre Mitarbeiter sollten also bei den Schritten der Veränderung begleitet werden. Nur so stellen Sie sicher, dass das veränderte Verhalten auch so automatisiert wird, dass es zu „professionellen Reflexen“ wird. Ihre Mitarbeiter müssen lernen, dass die Begleitung während der Umsetzungsphase keine Schikane ist, sondern notwendige Prozessunterstützung.

Die meisten Mitarbeiter kennen ihre Wirkung auf die Kunden nicht

Die meisten Mitarbeiter wissen nicht (obwohl sie ja täglich selbst irgendwo Kunde sind), was ihre eigenen Kunden dazu bewegt, woanders zu kaufen. Sie regen sich auf über mangelnde Höflichkeit bei ihrem Friseur und vergessen dabei, dass sie selbst gerade im Laden stehen und sich nicht darum kümmern, ob in ihrer Sektion ein Kunde Hilfe sucht. Sie zetern über die fachliche Inkompetenz des Auto-Verkäufers und sind sich nicht darüber bewusst, dass die Antwort, die sie fünf Minuten zuvor einem Kunden gegeben haben, ein ebensolches Beispiel dafür war. Sie haben kein schlechtes Gewissen, wenn sie Kunden lange warten lassen, wissen nicht, was es bedeutet, wenn ihre Kunden Ignoranz oder Desinteresse spüren, ahnen nicht, dass Kunden ihre schlechte Laune oder Lustlosigkeit sehr wohl bemerken und wissen nicht, was in einem Kunden vorgeht, wenn er arrogant behandelt wird. Und den meisten Mitarbeitern, die solches Verhalten zeigen, ist es überhaupt nicht bewusst. Ihre Mitarbeiter müssen lernen, was sie mit ihrem Verhalten tatsächlich anrichten. Es muss ihnen bewusst werden, wie sie auf Kunden wirken. Nur so werden sie merken, was sie da tatsächlich tun. Reflexion des eigenen Verhaltens und die Auswirkungen auf die Kunden sind das Thema, das hier angegangen werden muss.

Letztlich geht es noch darum, dass ihre Mitarbeiter wissen, dass der Weg bis hierher nur der Weg war, die Kunden nicht zu verscheuchen. Bis zur Kundenzufriedenheit oder gar Kundenbegeisterung ist es noch ein weiter Weg. Aber den beschreiten Sie selbst ja gerade erst in der Gänze. Vieles von dem, was Sie hier vielleicht erstmalig oder in dieser Konzentration lesen, sollte Ihr Mitarbeiter auch noch lernen.

Wissen Ihre Mitarbeiter eigentlich, was sie warum den ganzen Tag tun und welche Aussenwirkung das auf Interessenten und Kunden hat?

Tipp 24 Treten Sie in einen offenen Dialog mit Ihren Servicekräften

Die meisten Menschen möchten gerne etwas schaffen. Es befriedigt sie, Dinge wachsen zu sehen. Sie möchten teilhaben an Erfolgen. Das gilt auch für Ihre Mitarbeiter. Es ist nur schwierig, dies in der realen Arbeitswelt umzusetzen; sowohl für Mitarbeiter als auch für Führungskräfte. Mitarbeiter haben oft nicht alle Informationen, die notwendig sind, um eine Situation zu entscheiden, und Führungskräfte haben oft das Bestreben, sich die Zügel nicht aus der Hand nehmen zu lassen.

Machen Sie die Betroffenen zu Beteiligten

Für das Ziel der Kundenbegeisterung allerdings gibt es wahrscheinlich nichts Intelligenteres als die Betroffenen zu Beteiligten zu machen. Treten Sie in einen offenen Dialog mit Ihren Servicekräften und integrieren Sie deren Erfahrung und Wissen. Erstens erhalten Sie wichtige Informationen und zweitens fühlen sich die Mitarbeiter in ihrem Tun bestätigt. Sie werden um Hilfe (vielleicht sogar um Rat) gefragt und dies stärkt die Verbundenheit zum Projekt (▶ **Tipp 17**).

Es ist das einfachste Mittel, das Ihnen zur Verfügung steht. Und wenn Sie und Ihre Führungskräfte dann auch noch Cialdinis zweites Prinzip (▶ **Tipp 12**) beherrschen und anwenden, nämlich Ihre Servicekräfte zu loben, dann kann eine Gemeinschaft entstehen, in der die Mitarbeiter motiviertes und kreatives Mitglied sind. Ohne diese beiden Voraussetzungen wird es schwierig, die Mitarbeiter zu integrieren.

HERRSCHT IN IHREM UNTERNEHMEN EINE OFFENE KOMMUNIKATIONSKULTUR, INNERHALB DERER DAS MANAGEMENT AUF ERFAHRUNG UND WISSEN DER SERVICEKRÄFTE ZUGREIFT?

Tipp 25 „Kaffee schwarz" – Setzen Sie Kundenbegeisterung systematisch um

Wir möchten Ihnen hier zwei kleine Geschichten gegenüberstellen (die auch Ihre Mitarbeiter überzeugen werden). Die eine Geschichte handelt von Luigi, die andere Geschichte von Giovanni. Beide betreiben jeweils eine Café-Bar. Beide möchten sich gerne dem Thema Kundenorientierung widmen. Beide sind aktiv und haben eine Idee, die sie auch umsetzen – allerdings mit unterschiedlichem Erfolg. Mal sehen, was die beiden tun und wozu es führt.

Luigi unterhält eine Café-Bar im Zentrum der Stadt. Er hat davon gehört, dass Kundenzufriedenheit nicht genügt. Er möchte das Konzept der Kundenbegeisterung umsetzen und etwas tun, um sich von der Konkurrenz abzuheben. Aus diesem Grund serviert er zu jedem Espresso nicht nur ein Glas Wasser, sondern auch ein Cantuccini gratis dazu. Schnell hatten sich die Kunden an dieses Plus gewöhnt. Wenn sie einmal kein Cantuccini bekamen, fragten sie: *„Warum gibt es heute kein Cantuccini?"* Also, sagte sich Luigi, muss ich wohl noch mehr tun, und er servierte zu jedem Espresso nicht nur ein Glas Wasser und ein Cantuccini, sondern zusätzlich ein Croissant – alles zum Espresso-Preis, versteht sich. Sehr schnell gewöhnten sich die Kunden auch an dieses gute Angebot.

Als Luigi aufhörte, zum Espresso das Croissant zu servieren, fragten die Kunden: *„Warum gibt es keine Croissants mehr?"* und wechselten die Café-Bar. Sie gingen dorthin, wo sie zum Espresso neben einem Glas Wasser und einem Cantuccini und einem Croissant auch noch die aktuelle Tageszeitung bekamen. *„Diese Idee der Kundenbegeisterung ist völliger Unsinn"*, sagte sich da Luigi, *„sie führt dazu, dass die Kunden immer anspruchsvoller werden, und ich mich letztlich ruiniere."*

Kunden zu begeistern bedeutet nicht, immer mehr zum gleichen Preis anzubieten

Was lief hier falsch? Luigi hat das Prinzip der Kundenbegeisterung falsch interpretiert. Er hat für das gleiche Geld immer mehr Leistung geboten. Dadurch sind die Erwartungen der Kunden immer weiter gestiegen. Und er selbst hat diese Spirale der sich immer höher schraubenden Erwartungen initiiert.

So scheint es mit der Kundenbegeisterung also nicht zu funktionieren. Aber wenn es so nicht geht, wie dann? Schauen wir uns an, was in einer anderen Stadt bei Luigis Kollegen Giovanni passiert ist.

Wir wissen nicht, ob Giovanni jemals davon gehört hat, dass Kundenzufriedenheit wohl nicht genügt und er Begeisterung auslösen sollte. Wir wissen auch nicht, ob er das Konzept der Systematischen Kundenbegeisterung kennt. Auf jeden Fall geschah Folgendes: Der Kunde Jürgen S. trinkt nur „Kaffee schwarz". Er hasst es, seinen authentischen Kaffeegenuss durch Zucker oder Kaffeesahne zu zerstören. Nur muss Jürgen S. leider feststellen, dass er meistens, wenn er einen „Kaffee schwarz" bestellt, trotzdem Milch und Zucker bekommt. Ärgerlich, weil ihm hier gespiegelt wird, dass sein Wunsch der Servicekraft völlig egal ist. Eines Tages besuchte Jürgen S. Giovannis Café-Bar. Und siehe da: Seiner Bestellung folgte tatsächlich ein echter „Kaffee schwarz", wofür er die Bedienung sogleich lobte. – Kundenbegeisterung? Nein, ein Lichtblick in der Servicewüste höchstens. Doch die Begeisterung stellte sich ein – und zwar als Jürgen S. am nächsten Tag wieder kam und ihm die Bedienung sofort zulächelte und fragte *„Kaffee schwarz?"*, worauf er nickte. Und ... sie war aufmerksam und brachte ihm sogar die neuste Tageszeitung dazu, weil sie registriert hatte, dass er diese gestern auch gelesen hatte. Dieses Ritual wiederholt sich nun jeden Tag, und deshalb geht Jürgen S. immer wieder zu Giovanni.

Sogar die Systematisierung ist erreicht. Dank eines Zettelchens hinter dem Tresen weiß jede Bedienung: Wenn der Typ im Kojak-Look mit Designerbrille kommt (so sieht Jürgen S. aus): Kaffee schwarz und die Tageszeitung servieren!

Nachhaltige, kostenneutrale, wiederhol- und systematisierbare Differenzierung zur Konkurrenz auf der Beziehungsebene

Was läuft hier richtig? Die Differenzierung zur Konkurrenz ist nachhaltig, kostenneutral, wiederholbar, systematisierbar und geschieht auf der Beziehungsebene. Jürgen S. geht immer wieder in Giovannis Café-Bar, weil er dort ein Erlebnis „erhält", das auf ihn zugeschnitten scheint. Die systematische Kundenbegeisterung basiert auf einem erkannten Kundenbindungstreiber und wird durch geschultes, motiviertes Personal und kundenorientierte Prozesse bei jeder Kundeninteraktion umgesetzt.

Was bedeutet das für Sie? Finden Sie heraus, was das „Kaffee-schwarz“-Prinzip in Ihrer Branche, respektive in Ihrer Unternehmung ist. Systematisieren Sie dann die erkannten Begeisterungsfaktoren und Kundenbindungstreiber in der täglichen Interaktion und den Prozessen mit Ihren Kunden! Dies ist nicht einfach und funktioniert vor allem nicht, indem Sie sich hinsetzen und überlegen: Wie könnte ich denn jetzt meine Kunden begeistern? Das „Kaffee-schwarz“-Prinzip klingt simpel – was es in seiner Idee auch ist – es braucht aber motiviertes und aktives Personal (▶▶ **Tipp 17, 22**), das bereit ist, die Augen offen zu halten, was Kunden wünschen – um es dann proaktiv wieder und wieder einzubinden; auch bei anderen Kunden.

Kennen Sie das „Kaffee-schwarz“-Prinzip in Ihrer Branche, respektive in Ihrer Unternehmung und setzen es kundenorientiert um?

Tipp 26 Machen Sie aus Sachbearbeitern „Menschenbearbeiter“

Aus der Perspektive des Kunden wird ein Unternehmen als Ganzes wahrgenommen. Alle Mitarbeiter, ob nun Geschäftsführer, Verkäufer, Sachbearbeiter oder Servicemitarbeiter, alle repräsentieren das Unternehmen nach außen. Und wenn ein Mitarbeiter einen Fehler macht, bezieht der Kunde dies auf das Unternehmen als Ganzes. Das Implementieren des Gedankens der Kundenorientierung ist also keine Sache für einige wenige Mitarbeiter im Unternehmen, sondern für alle – denn jeder kann der Engpass sein.

Den Gesamteindruck eines Unternehmens vermittelt immer das schwächste Glied in der Kette

Nun ist aber leider nicht in jedem Kopf der Gedanke der Kundenorientierung gleich deutlich vorhanden; manche Mitarbeiter sehen in Kunden sogar einen Störfaktor für die eigene Tätigkeit. Und da helfen auch alle Appelle oder Umwidmungen nichts. Ein sehr prägnantes Beispiel ist die Bundesagentur für Arbeit. Die Tatsache, dass aus den alten Arbeitsämtern „Jobcenter“ und aus den „Arbeitslosen“ zunächst „Arbeit Suchende“ und nun „Kunden“ wurden, hat im Kopf vieler Mitarbeiter nichts verändert. Nun wollen wir damit aber nicht die Mitarbeiter pauschal angreifen, sondern eher die Umstände. Denn es sind mehr die Rahmenbedingungen als mangelnder Wille der Mitarbeiter, die dazu führen, dass die Kunden hier nicht wirklich im Zentrum der Betrachtung stehen.

Rahmenbedingungen, die es Servicemitarbeitern erleichtern, Kundenorientierung immer vor Augen zu haben

Und wie sollten die Rahmenbedingungen aussehen, die es Servicemitarbeitern erleichtern, Kundenorientierung immer vor Augen zu haben? Hier die wesentlichen Elemente:

Servicemitarbeiter sollten

Sich mit dem Unternehmen und der Arbeit identifizieren

1. SICH MIT DEM UNTERNEHMEN UND IHRER ARBEIT IDENTIFIZIEREN KÖNNEN – Leichter gesagt als getan. Wobei es manchmal Mitarbeiter gibt, die sich von vorneherein identifizieren. Oft am Anfang einer Zusammenarbeit besteht der Wunsch und auch die Offenheit des Mitarbeiters, diese Identifizierung zu erreichen. Die Führungskräfte sollten hier unterstützen und ihrer Rolle als Orientierungsgeber nachkommen sowie Gründe dafür liefern, warum dieses Unternehmen ein tolles Unternehmen ist (▶ **TIPP 30**).

Mitarbeitern Mitspracherecht bei Entscheidungen einräumen

2. EIGENEN INPUT EINBRINGEN KÖNNEN UND MITSPRACHERECHT BEI ENTSCHEIDUNGEN HABEN – Es sind alle motiviert, die an einem Entscheidungsprozess beteiligt sind. So einfach ist das? In der Theorie ja, aber wie können Sie Mitarbeiter an Entscheidungsprozessen teilhaben lassen? Schließlich sind Sie dafür da, die Entscheidungen zu fällen, das ist Ihr Job und außerdem entscheiden Mitarbeiter ja im Sinne ihrer eigenen Interessen und die sind oft nicht gleichzeitig Firmeninteressen. Das Dilemma sieht größer aus als es in Wirklichkeit ist. Sie brauchen Mitarbeiter gar nicht bei den kritischen Entscheidungen zu beteiligen (obwohl auch das ginge), nehmen Sie doch einfach Dinge aus dem operativen Bereich der Menschen. Vielfach können Arbeitsabläufe und Ideen zur Verbesserung dazu sehr gut von den Betroffenen beurteilt und fantasievoll angegangen werden – so binden Sie das vorhandene Knowhow Ihrer Mitarbeiter wertschöpfend für das Unternehmen ein. Fordern Sie nicht nur auf, allgemein nachzudenken, sondern geben Sie konkrete Aufgaben vor. *„Wie können wir beim Prozess XY zehn Prozent*

Material (Zeit etc.) einsparen, ohne an Qualität einzubüßen?“ oder *„Welche Möglichkeiten gibt es, den Umsatz des Produkts AB im 3.Quartal zu forcieren?“* Und dann halten Sie das Thema hoch. Sprechen Sie es immer wieder an – aber ohne Vorwurf, wenn noch keine Ergebnisse da sind. Fragen Sie „locker“ nach, wer schon was dazu gedacht hat. Geben Sie Ihren Mitarbeitern immer wieder Anlass, Zeit und Ermunterung für das Nachdenken. Sie werden sehen, dass nach einiger Zeit die ersten Ideen kommen werden. Und die können Sie wieder diskutieren, verfeinern und verbessern lassen. Und warum soll man dann eine gute Idee von Ihren Mitarbeitern nicht einfach einmal ausprobieren? So entsteht Motivation, weil sich die Mitarbeiter einbringen können. Der Mitarbeiter wird Teil seines eigenen Jobs.

Sinn in seiner Arbeit erkennen können

3. SINNVOLLE ARBEIT TUN – Wir gehen davon aus, dass jede Arbeit, die in einem Unternehmen verrichtet wird, sinnvoll ist. Der Punkt ist nur, ob derjenige, der diese Arbeit verrichtet, den Sinn auch erkennt. Und Sinn erkennen heißt nicht, dass *„ein Schaufenster eben dekoriert werden muss“*. Sinnvoll wird diese Arbeit erst, wenn derjenige, der sie verrichtet, erkennt, welche Ziele verfolgt werden. *„Die neue Herbstkollektion soll den Kunden Lust auf die Farben Braun und Beige machen.“* Wenn sich der Mitarbeiter nun ans Werk macht, hat er eine Art Guideline, an der er selbst seine Arbeit messen kann und außerdem kann er sich (siehe Punkt 2) mit guten Ideen oder Hinweisen auf mögliche Fehler einbringen. Abends kann er dann auf eine sinnvolle Tätigkeit zurückblicken.

Sich persönlich und beruflich akzeptiert fühlen

4. PERSÖNLICHEN UND BERUFLICHEN RESPEKT ERFAHREN – Lassen Sie zu, dass Ihre Mitarbeiter auch Ecken und Kanten haben. Diskutieren Sie mit ihnen über Politik, auch und gerade dann, wenn Sie unterschiedlicher Meinung sind. Und lassen Sie dann die Diskussion unentschieden ausgehen. Zeigen Sie Verständnis für die Position des anderen, ohne zuzustimmen. Schon allein die Tatsache, dass Sie die Diskussion zugelassen haben, zeigt Ihren Mitarbeitern, dass Sie sie respektieren. Das Gleiche gilt für Entscheidungen im unternehmerischen Kontext. Entscheidungen in Ihrem Verantwortungsbereich werden nicht immer die ungeteilte Zu-

stimmung Ihrer Mitarbeiter finden. Stellen Sie sich den Diskussionen und zollen Sie den Mitarbeitern Respekt für die Offenheit, in der dies geschieht. Hier gilt es selbstverständlich, darauf zu achten, dass Sie letztendlich nicht in die argumentative Defensive geraten. Vermeiden Sie solche Diskussionen, wenn Ihre Mitarbeiter bessere Argumente haben als Sie!

Sich in einer Gemeinschaft integriert zu fühlen motiviert

5. Das Gefühl haben, in einer Gemeinschaft integriert zu sein – Menschen sind soziale Wesen; wir benötigen ein (besser mehrere) funktionierendes Gemeinwesen, zu dem wir uns zugehörig fühlen. Familie, Fußballverein, politische Partei, Kirchengemeinde – warum nicht auch Ihr Unternehmen? Wer weiß, wie viel Energie Menschen bereit sind, in ihre Gemeinschaften zu investieren, in denen sie Anerkennung finden, der ahnt, welche Leistungen erbracht werden können. Aber auch hier ist es immer die gleiche Reihenfolge, in der die Ergebnisse erreicht werden. Sie als Führungskraft müssen initiativ sein, diese Gemeinschaft quasi „gründen“ und sie stetig am Laufen halten. Sorgen Sie für Gemeinsamkeiten, für Rituale, für gemeinsame Tätigkeiten und Interessen. Spielen Sie zusammen Lotto (hoffentlich gewinnen Sie nichts, sonst sind die guten Mitarbeiter wieder weg), treffen Sie sich zu einem Glas Bier oder einer Tasse Kaffee, gehen Sie zum Fußball – tun Sie, was Gemeinschaften eben so tun. Fühlen sich Ihre Mitarbeiter integriert, dann können Sie viel von ihnen erwarten – und Sie werden fast nie enttäuscht werden.

Anerkennung und Lob fördern die Leistungsbereitschaft

6. Wertschätzung erfahren für das, was Sie sind, und das, was Sie tun – Anerkennung und Lob sind seit jeher die besten Möglichkeiten, andere Menschen zu führen und zu leiten. Das schließt übrigens nicht aus, jemanden für schlechte Leistungen auch zu tadeln – im Gegenteil. Führungskräfte, die sowohl loben als auch tadeln, werden übrigens von den Mitarbeitern deutlich positiver wahrgenommen als solche Führungskräfte, die auf beide Elemente verzichten. Seien Sie als Führungskraft authentisch, tadeln Sie, wenn es Zeit dazu ist und loben Sie, wo immer Sie können. Dadurch werden Sie berechenbar (nicht ausrechenbar!) und erhalten selbst Anerkennung, weil Sie als fair und

gerecht empfunden werden. Der hauptsächliche Aspekt aber, Menschen selbst für „nur“ befriedigende Leistungen zu loben, liegt darin, dass Ihre Mitarbeiter das Gefühl haben, anerkannt zu werden. Es bedeutet den meisten Mitarbeitern sehr viel, nicht lediglich eine Nummer zu sein und nur funktionieren zu müssen. Sie sollten diesen Motivationshebel nicht unterschätzen.

Perspektiven und Möglichkeiten zur Weiterentwicklung bieten

7. Perspektiven für berufliche und menschliche Weiterentwicklung erkennen – Zukunftshoffnung heißt das Stichwort. Wenn wir nicht erkennen können, dass es morgen ein wenig besser, schöner, schlanker, vorteilhafter, größer, reicher, ruhiger, spannender, glücklicher usw. wird, dann fehlt es uns an Antrieb. Fast niemand möchte, dass es so bleibt wie es ist – es soll schon ein wenig besser werden. Wenn Ihre Mitarbeiter nicht erkennen können, dass es morgen etwas besser wird, dann fehlt etwas. Sorgen Sie als Führungskraft allerdings dafür, dass Entwicklung stattfinden kann, dann geben Sie diesem Phänomen der Zukunftshoffnung Nahrung. Ihre Mitarbeiter erkennen dies und sie erkennen es auch an.

Auch nicht berufliche Themen anzusprechen, gehört zur Anerkennung der Mitarbeiter

8. Das Gefühl vermittelt bekommen, dass das Leben nicht nur aus Arbeit besteht – Die einzuleitenden Maßnahmen ähneln denen aus Punkt 5. Mit dem Unterschied, dass es dort um die Initiierung oder Stärkung der Gemeinschaft geht – hier geht es mehr um den Einzelnen. Suchen Sie das Gespräch mit Ihren Mitarbeitern – auch außerhalb des beruflichen Kontextes. Lassen Sie das Gespräch um Themen drehen, an denen er Interesse hat. Wie geht es seiner Familie? Was macht sein Fußballverein? Fährt er dieses Jahr wieder auf das „Biker-Meeting“? usw. Erzählen auch Sie solche Dinge von sich. Die Zeiten, in denen Führungskräften geraten wurde, nichts von sich selbst preiszugeben, sind vorbei! Auch Mitarbeiter finden es gut, wenn sie solche Kleinigkeiten von ihrem Chef wissen. Bei der Auswahl der Themen, bei denen es um Sie geht, sind allerdings Grenzen gesetzt. Die Resthypothek auf Ihrem Eigenheim gehört definitiv nicht dazu; Ihr Sportverein schon. Gespräche, die sich um solche Themen drehen, sind sehr dienlich, um eine vertrauensvolle und ausgeglichene Atmosphäre zu schaffen.

Der Chef muss Vorbild sein

9. Den Chef zum Vorbild haben – Sie hatten es schon fast vermutet. Neben der Initiierung der hier beschriebenen Punkte kommt noch ein letzter Punkt hinzu. Sie müssen das Vorbild sein. An Ihrem Verhalten werden sich Ihre Mitarbeiter orientieren, ob Sie wollen oder nicht. Sie können jeden Tag Rundschreiben herausgeben, wie man mit Kunden umgeht, wenn Sie das entsprechende Verhalten nicht vorleben, erreichen Sie so gut wie nichts. *„Wasser predigen und Wein saufen“* wird es über den „Flurfunk“ heißen, wenn Sie wieder einmal ein bestimmtes Verhalten von einem Mitarbeiter einfordern. Sie geben den Takt an – und man wird Sie daran messen!

Kundendienst wird von Menschen an Menschen geleistet

Dies alles sind wichtige Bausteine dazu, eine Grundstimmung zu schaffen, die Kundenorientierung überhaupt erst zulässt. Ohne eine innerbetriebliche positive Grundstimmung werden viele andere Maßnahmen nicht greifen können. Kundendienst wird immer noch von Menschen an Menschen geleistet. Und wenn Sie Wert darauf legen, dass die dienstleistenden Menschen kundenorientiert arbeiten, dann gilt es in erster Linie, die Motivation dafür zu schaffen. Und spätestens seit Herzberg wissen wir, dass Geld nur in wenigen Ausnahmen motivierend ist!

Was unternehmen Sie, um Ihre Mitarbeiter für Kundenorientierung zu motivieren?

Tipp 27 Verankern Sie wichtige Botschaften durch Wiederholung

Sie kennen es doch von sich selbst: Lernen ist wie das Schwimmen gegen den Strom: Sobald man damit aufhört, wird man zurückgetrieben. Ihren Mitarbeitern geht es da nicht anders.

Und mit ständigem Lernen meinen wir gar nicht, dass Sie täglich neue Themen finden müssen, mit denen Sie Ihre Mitarbeiter „belästigen“ – im Gegenteil: Es geht darum, bestimmte Themen immer wieder ins Bewusstsein zu rufen. Viele neue Themen schaffen eher gedankliche Unordnung, als dass sie etwas Produktives mit sich brächten. Ein oder zwei maßgebende Themen, jeden Tag über einen längeren Zeitraum in die Köp-

Wichtige Botschaften immer wieder ins Gedächtnis rufen und so dauerhaft verankern

fe der Mitarbeiter gebracht, ist da viel eher zielführend. Das Leidige dabei ist, dass Sie das Thema ständig anstoßen müssen. Aber auch, wenn Sie den Unmut Ihrer Mitarbeiter ernten: Wenn Sie etwas verändern wollen, geht es am einfachsten über die ständige Wiederholung. Aus der Lernpsychologie wissen wir übrigens auch, dass Dinge, die ständig wiederholt werden und so immer wieder in unseren Kopf getragen werden, uns am Ende sogar sympathisch werden (wenn sie nicht gänzlich gegen unsere Interessen oder Grundsätze verstoßen). Lassen Sie sich also nicht davon abbringen, die gleichen Botschaften immer und immer wieder anzubringen. Beim nächsten Meeting, im nächsten Rundschreiben, wo auch immer. Wiederholen Sie die gleiche Botschaft immer wieder. Letztlich wird die Botschaft bei Ihren Mitarbeitern ankommen.

WELCHE BOTSCHAFT MÖCHTEN SIE ALS ERSTE IN DIE KÖPFE IHRER MITARBEITER TRAGEN?

Tipp 28 Führungskräfte müssen die richtigen Motivatoren setzen

Führungskräfte haben viele Aufgaben im Unternehmen. Sie sind der Spiegel der Kultur ihres Unternehmens, sie sind die Leitbilder, die Orientierung geben (▶ **TIPP 30**). In manchen Unternehmen tun sie sogar das, was ihr Titel verspricht: Sie führen Mitarbeiter. Allzu oft geht dieses Führen allerdings leider verloren, da wird Führen gleichgesetzt mit Anordnungen verteilen oder „Maßnahmen“ einleiten. Sollten einige Ihrer Führungskräfte der Fraktion der Letztgenannten angehören, dann wird es schwierig, Kundenbegeisterung umzusetzen.

Denn wenn sich Mitarbeiter lediglich als bessere Schachfiguren sehen, als letztes Glied in einer Kette, als die Ausführenden, die die Arbeit machen müssen, dann ist die Kultur (noch) nicht dazu geeignet, Kundenbegeisterung zu erzeugen (▶ **TIPP 22**).

Kundenorientierung nicht anordnen, sondern zum echten Anliegen der Mitarbeiter machen

Gelingt es der Führungskraft aber, Kundenorientierung nicht nur anzuordnen, sondern hier die richtigen Motivatoren zu setzen, wird Kundenorientierung zum echten Anliegen der Mitarbeiter. Motivatoren sind Anreize, die Mitarbeiter dazu anregen, Leistung zu erbringen. Sie erwachsen aus einem förderlichen Arbeitsumfeld und einer sinnvollen Arbeitsaufgabe. Die maßgebenden Motivatoren in Bezug auf die Erzeugung von Kundenbegeisterung sind in ▶ **TIPP 26** beschrieben.

Den Zusammenhang zwischen Mitarbeitermotivation und Kundenbegeisterung zeigt folgendes Schaubild:

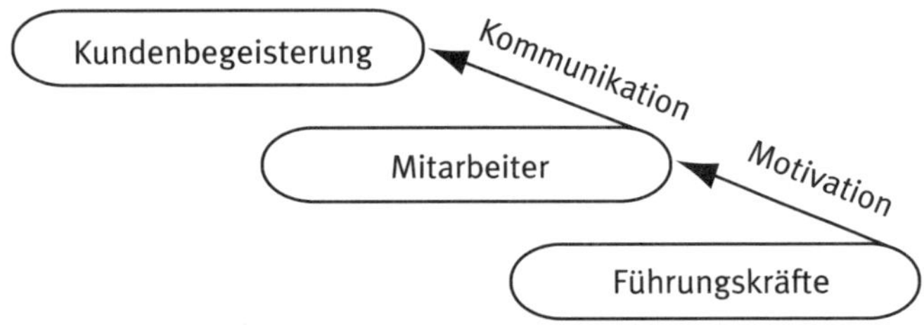

Abb. 4: Ohne entsprechende Anreize der Führungskraft wird Kundenbegeisterung niemals ein echtes Anliegen der Mitarbeiter

WELCHE IHRER FÜHRUNGSKRÄFTE KÖNNEN IHRE MITARBEITER BEREITS GUT „MITNEHMEN“?

Tipp 29 Mission Statement – Führungskräfte in ein Wertesystem einbinden

Auch Führungskräfte brauchen Orientierung

Neben der Notwendigkeit, dass Führungskräfte als Vorbild anerkannt sein (▶ **TIPP 30**) und dass sie motivieren sollten (▶ **TIPP 28**), benötigen Führungskräfte auch selbst eine Orientierung. Und hier sind eventuell Sie als Unternehmensleiter gefragt. Gibt es so etwas wie eine Unternehmensmission? Etwas, das neudeutsch gerne MISSION STATEMENT genannt wird? Etwas, das gerade Ihren Führungskräften auch in schwierigen Situationen ein Handeln ermöglicht, das auf jeden Fall im Sinne der Kundenorientierung des Unternehmens ist?

Beispielsweise die Jesuiten hatten ein solches Mission Statement. In Zeiten, als die Missionierung von Völkern noch im Zentrum ihrer Tätigkeit stand und die Brüder mit dieser Aufgabe in die entlegensten Gebiete der Welt gesandt wurden, war es sehr wichtig, dass sie selbst im Sinne der Kirche entscheiden konnten. Um diese Fähigkeit auszuprägen, absolvierten die Missionare eine lange Ausbildung in Rom, innerhalb derer ihnen diese Grundsätze in Fleisch und Blut übergingen. Wenn ein Missionar auf seine Reise ging, konnte man sicher sein, dass er selbst die schwierigsten und ungewöhnlichsten Entscheidungen immer im Sinne des Ordens fällen würde.

Wie sieht das in Ihrem Unternehmen aus? Können Sie ganz sicher sein, dass jede Führungskraft alle Entscheidungen „pro“ Kundenorientierung fällt? Oder ist Ihnen auch schon das eine oder andere Mal aufgefallen, dass sich Führungskräfte in ihren jeweiligen Arbeitsbereichen gegenseitig blockieren? Was gut für den Einkauf ist, z.B. der niedrigste Preis, muss noch lange nicht gut für die Fertigung sein, da mögliche Qualitätseinbußen unzufriedene Kunden zur Folge haben können.

Können Sie ganz sicher sein, dass jede Führungskraft alle Entscheidungen „pro“ Kundenorientierung fällt?

Die Entscheider kommen aus dieser verzwickten Situation nur heraus, wenn es eine Art „übergeordnetes Wertesystem“ gibt, aus dem sich Hinweise für „richtige“ – in unserem Falle kundenorientierte – Entscheidungen ableiten lassen. Fehlt diese Orientierungsgröße, sind Grabenkämpfe und letztlich unzufriedene Kunden vorprogrammiert.

Die Entscheidung für eine Niedrigpreispolitik im Einkauf und damit für eine geringere Qualität wäre also nur dann legitim, wenn der dadurch erwirtschaftete Preisvorteil an die Kunden weitergegeben und das auch entsprechend kommuniziert wird.

Das Mission Statement zu dieser Strategie könnte etwa lauten: *„Es ist unser Bestreben, unsere Produkte so preiswert wie möglich herzustellen. Diesen Vorteil geben wir direkt an unsere Kunden weiter und setzen uns dadurch vom Wettbewerb ab.“* Vor dem Hintergrund dieser Prämisse sind die Führungskräfte aller Abteilungen handlungsfähig.

WELCHE MISSION STATEMENTS SIND IN DEN KÖPFEN IHRER FÜHRUNGSKRÄFTE VERANKERT? – UND HABEN ALLE FÜHRUNGSKRÄFTE DIE GLEICHEN STATEMENTS IM KOPF?

Tipp 30 Führungskräfte sollten das „Dienstleister-Gen“ in sich tragen

Zuallererst sollten Führungskräfte Vorbild sein. Entgegen der oft herrschenden Meinung, dass Führungskräfte Generalisten und keine Fachleute sein müssen, ist unser ehrlicher Rat: Führungskräfte in Verkauf, Vertrieb und Service müssen immer auch die Position ihrer Mitarbeiter einnehmen können. Eine Führungskraft im Vertrieb muss nicht zwingend die höchsten Abschlussquoten erbracht haben, aber sie sollte neben Produktkenntnis auch über Vertriebserfahrung verfügen. Ein reiner Fachspezialist würde hier letztlich unglaubwürdig wirken. Führungskräfte in Bereichen, die mit Kunden zu tun haben, können ihrer Vorbildfunktion nur dann gerecht werden, wenn ihre Mitarbeiter ihnen auch abnehmen, dass sie Ahnung vom Geschäft, also in Kundenkontakt gestanden haben. Führen fällt hier am leichtesten mit Feldkompetenz.

Führen in Verkauf, Vertrieb und Service fällt am leichtesten mit Feldkompetenz

In unserem Kontext bedeutet dies, dass Sie Führungskräfte haben sollten, die auch das „Dienstleister-Gen“ in sich tragen, die ihren Mitarbeitern in einer konkreten Situation auch demonstrieren können, wie sie kundenbegeisternd agieren sollen. Wie bereits erwähnt, müssen Sie es nicht besser machen als Ihre Mitarbeiter, aber Sie sollten Kundenorientierung und Kundenbegeisterung grundsätzlich „können“.

TRAGEN IHRE FÜHRUNGSKRÄFTE DAS „DIENSTLEISTER-GEN“ IN SICH?

Tipp 31 Eine professionelle Auftragsabwicklung schafft Kundenloyalität

Je komplexer die verkaufte Lösung ist (▶ **TIPP 6**), desto zentraler ist eine professionelle Auftragsabwicklung, um den Kunden langfristig zufrieden zu stellen. Für die erfolgreiche Umsetzung der kundenorientierten Planung und zur Steuerung der Implementierung sind auf der Unternehmensebene prozessorientierte, organisatorische Rahmenbedingungen erforderlich. Alle Unternehmensaktivitäten sollten sich dabei an den Erwartungen des Kunden ausrichten.

Auf der alles entscheidenden Beziehungsebene (▶ **TIPP 11**) ist maßgebend, dass der Verkäufer bzw. das Verkaufsteam in ständigem Kontakt mit dem Kunden oder dem Einkaufsteam bleiben. Der Kunde sollte einen festen Ansprechpartner haben, der Fragen entsprechend weiterleitet und alle Kundenaktivitäten bündelt, damit der Kunde nicht ständig „weitergereicht" wird. Um es neudeutsch auszudrücken, ist hier also die Devise: *„One Face to the Customer."*

One Face to the Customer

Das Verkaufs- oder Vertriebsteam hat im Laufe des Verkaufsprozesses die Situation des Kunden im Detail kennen gelernt. Dieses Wissen über den Kunden erlaubt es, immer wieder wertvolle Informationen für die anderen Mitarbeiter zur Verfügung zu stellen, die an anderer Stelle des Leistungserstellungsprozesses dafür verantwortlich sind, die Lösung für den Kunden zu erstellen.

Dieser systematische Ansatz vermeidet auch, dass Verkäufer dem Kunden gegenüber Versprechen abgeben, um den Auftrag zu erhalten, die später nicht einzuhalten sind oder dass unterschiedliche „zuständige Stellen" dem Kunden gegenüber abweichende oder gar widersprüchliche Aussagen machen.

Ein systematischer Ansatz verhindert widersprüchliche Aussagen gegenüber dem Kunden

Ohne langfristigen und systematischen Kontakt zum Kunden wird es auch schwierig, Veränderungen beim Kunden wahrzunehmen, die zu neuem Bedarf führen können.

Ist Ihre Auftragsabwicklung so durchorganisiert, dass Kunden bei Nachfragen nicht frustriert werden und letztlich das erhalten, was sie bestellt haben?

Teil E WIE SIE KUNDEN GEWINNEN UND BINDEN

Tipp 32 Bedienen Sie sich der Erkenntnisse der Neurowissenschaften und Hirnforschung

Um möglichst sicherzugehen, dass Ihre Botschaft auch ankommt, ist es sinnvoll, sich in der gesamten Kommunikation mit Kunden, egal ob in Marketing oder Verkauf, einiger grundlegender Erkenntnisse der Neurowissenschaften und Hirnforschung zu bedienen.

Hier geben wir Ihnen einen kleinen Werkzeugkoffer von Möglichkeiten an die Hand:

Sprechen Sie für Ihren Kunden Unangenehmes oder Nachteiliges nach Möglichkeit sofort an

- SPRECHEN SIE FÜR IHREN KUNDEN UNANGENEHMES ODER NACHTEILIGES NACH MÖGLICHKEIT SOFORT AN. Zum einen setzen Sie sich dann nicht dem Vorwurf aus, etwas unter den Tisch kehren zu wollen, und zum anderen haben Sie so die Chance, im weiteren Verlauf der Kommunikation die positiven Seiten herauszustellen. Schon die Alltagserfahrung zeigt, dass sich schlechte Nachrichten schneller ausbreiten als gute und Negatives länger im Gedächtnis bleibt als Positives. Bringen Sie Negatives erst zum Schluss, laufen Sie Gefahr, dass dieser Aspekt die gesamte Kommunikation überschattet.

Beginnen und beenden Sie Ihre Kommunikation mit etwas Positivem

- BEGINNEN UND BEENDEN SIE IHRE KOMMUNIKATION MIT ETWAS POSITIVEM. Unser Gedächtnis ist so aufgebaut, dass Anfang und Ende einer Erlebnissequenz am einprägsamsten sind, wogegen der eigentliche Verlauf eher in Vergessenheit gerät. Wieder bestätigt hier die Alltagserfahrung: Der erste und letzte Eindruck zählen.

  Diese Einsicht macht sich auch die „Sandwich-Technik“ zu Nutze, mit der etwas Negatives gewissermaßen wie der Belag eines Sandwichs zwischen zwei Brotscheiben zwischen zwei positive Aspekte verpackt wird.

Angenehmes in kleinen Dosen verabreichen

- VERABREICHEN SIE FÜR IHREN KUNDEN ANGENEHMES IN KLEINEN DOSEN. Der Mensch hat im Laufe seiner Evolution ungeheure Anpassungsleistungen erbringen müssen. Daraus resultiert letztlich, dass Menschen sich schnell an etwas gewöhnen – Gutes wie Schlechtes. Zudem ist unsere Wahrnehmung so ausgelegt, dass wir einen Kontrast intensiver erleben als ein Kontinuum. Haben Sie also etwas Gutes für Ihren Kunden, verschießen Sie Ihr Pulver nicht auf einmal, sondern bereiten ihm immer wieder eine kleine Überraschung (▶ **TIPP 14**), damit er sich nicht an das Gute gewöhnt und es schließlich gar nicht mehr wahrnimmt.

Vertrauen durch Rituale und feste Abläufe

- SCHAFFEN SIE VERTRAUEN (▶ **TIPP 13**) DURCH RITUALE UND FESTE ABLÄUFE. Der Mensch ist ein Gewohnheitstier. Wenn Dinge vorhersehbar sind, fühlen wir uns wohl und gewinnen Vertrauen. Wissen wir dagegen nicht, was uns erwartet, fühlen wir uns unwohl und unsicher. Bieten Sie Ihren Kunden daher Konstanten, mit denen er rechnen kann.

  Ob die jährliche Grußkarte zum Geburtstag, die Einladung zum Kundenfest jeden Mai oder der schwarze Kaffee zum Beginn des Kundengesprächs – Wiederholungen und Rituale erhöhen die Kundenbindung. Auch unser Gehirn ist so aufgebaut, dass erst Wiederholungen dauerhafte Verbindungen zwischen den Synapsen schaffen und so neue Gehirnbereiche „freigeschaltet werden."

  Wenn es Ihnen so gelingt, dass Sie für Ihren Kunden zur guten Gewohnheit werden, haben Sie gewonnen, denn gute Gewohnheiten gibt niemand so schnell auf.

Liefern Sie Begründungen dafür, warum etwas gut oder schlecht läuft

- LIEFERN SIE BEGRÜNDUNGEN DAFÜR, WARUM ETWAS GUT UND BESONDERS, WARUM ETWAS SCHLECHT LÄUFT. Teilen Sie Ihrem Kunden lediglich mit, dass seine Lieferung später kommt, wird er aus zweierlei Gründen verärgert sein: Weil Sie den Termin überschreiten und weil er nicht nachvollziehen kann, warum das so ist. Menschen wollen verstehen und nachvollziehen, warum etwas ist, wie es ist. Geben Sie dagegen eine plausible Erklärung, warum Sie den Termin nicht halten können, kann Ihr Kunde das nachvollziehen und sein Ärger wird nicht mehr ganz so groß sein.

WELCHE DIESER STRATEGIEN KÖNNEN SIE ALS ERSTES UND OHNE GROSSE INVESTITIONEN UMSETZEN?

Tipp 33 Controlling der Akquise – Nehmen Sie Neukundengewinnung systematisch vor

Die systematische Neukundengewinnung ist eine der wichtigsten unternehmerischen Herausforderungen. Sie erlaubt, bisher versteckte Kunden- und Umsatzpotenziale zu finden und zu nutzen. Allerdings sind erfolgreiche Verkäufer nicht unbedingt auch erfolgreiche Akquisiteure. Gerade das Thema KALTAKQUISITION, also die Ansprache von Marktteilnehmern, ohne dass im Vorfeld ein Kontakt vorhanden ist, ist bei vielen Vertriebsmitarbeitern mit Ängsten und Blockaden besetzt. Grund dafür ist allzu oft, dass das Handwerkszeug der Akquisition unbekannt ist oder nicht gut genug beherrscht wird.

Die Kaltakquise ist für viele Verkäufer angstbesetzt

Andererseits ist es aus Sicht des Controllings (der Betriebssteuerung) fast unabdingbar, (mehr oder weniger) zuverlässige Voraussagen über die zukünftige Realisierung von Verkaufschancen zu treffen. An dieser Annahme hängt eine ganze Reihe von anderen betrieblichen Entscheidungen; z.B. die Menge einzukaufender Rohstoffe (Fertig-, Halbfertigprodukte) und die daraus resultierenden hohen oder niedrigen Einkaufspreise. Ohne eine Spekulation auf zukünftige Absätze kann keine seriöse Einkaufspolitik betrieben werden.

Der Verkaufstrichter als Richtschnur und Prognoseinstrument für den Verkaufsprozess

Die bekannteste Vorgehensweise, seine Akquise zu strukturieren, ist der sog. SALES FUNNEL oder VERKAUFSTRICHTER. Als Richtschnur für den Verkaufsprozess definiert er die notwendigen Schritte. Darüber hinaus dient er als Instrument zur Leistungsmessung. Bei der SALES-FUNNEL-ANALYSE wird untersucht, welchen Anteil der Vertriebsmöglichkeiten ein Unternehmen realisiert und welche Hebel die größte Wirkung haben, zusätzliches Potenzial zu realisieren.

Folgende Stufen vom ersten Kontakt bis zum Kunden werden unterschieden:

Qualifizierte Kontakte ermitteln und prüfen, ob und wie sie zu lösen ist

- (HOT) LEADS sind qualifizierte Kontakte, die z.B. über das Internet hineingekommen sind. Wichtig ist, in der Phase der Qualifizierung nicht nur allgemeine Informationen über die Kunden / Unternehmen zu ermitteln, sondern auch herauszufinden, welche Probleme (▶ **TIPP 82**) der Kunde / das Unternehmen / der Unternehmensbereich hat, die vom Verkäufer gelöst werden können. Erst daraus kann abgeleitet werden, ob es sich tatsächlich um einen potenziellen Kunden (OPPORTUNITY) handelt.

- Mit diesen OPPORTUNITIES werden dessen Probleme besprochen und eine Einigung darüber erzielt, dass man eine weitere Zusammenarbeit zumindest in Betracht zieht.
- Das Resultat ist eine Angebotserstellung (PROPOSAL), die wiederum Grundlage für die Kaufentscheidung und damit zur Gewinnung des neuen Kunden (NEW CUSTOMER) ist (▶▶ **TIPP 80 BIS 99**).

Weiß nun die Organisation aus Erfahrung, wie hoch der prozentuale Anteil der Opportunities an den Leads ist und wie hoch der Anteil der Proposals an den Opportunities und wie hoch der Anteil von New Customers an den Proposals, kann mathematisch eingeschätzt werden, wie groß der daraus resultierende Umsatz sein wird. Zusätzlich kann die Vertriebssteuerung erkennen, an welcher Stelle besonders viele Leads wegbrechen und so die Verkäufer für diese Phase sensibilisieren und/oder weiter qualifizieren.

Für die Kundenbindung sind die hier gewonnenen Informationen sehr wertvoll, da sie exakt abbilden, wie ein Interessent zum Kunden wird.

Wie und warum wird ein Interessent zum Kunden?

Abb. 5: Der Verkaufstrichter – vom Interessenten zum Kunden

Diese Struktur des Sales Funnel findet sich heute in vielen durch Customer-Relationship-Management-Software gestützten Prozessen wieder, um den Akquise-Prozess zu unterstützen.

Schritt für Schritt wird so der Kontakt weiter qualifiziert und je weiter er sich entwickelt, umso wahrscheinlicher ist ein Abschluss. Diese Betrachtung wird umso sinnvoller, je größer die

Anzahl der betrachteten Leads ist. Wie bei allen Betrachtungen der Wahrscheinlichkeitsrechnung lebt die Kongruenz zwischen Vorschau und Ergebnis vom „Gesetz der großen Zahl".

Verkäufer mit lediglich drei oder vier Leads pro Monat haben es zwar schwer, Aussagen über die Umsatzwahrscheinlichkeiten zu machen (dazu ist die Datenmenge einfach zu gering), aber sie können durchaus systematisch Problemlagen (▶ **TIPP 6**) von Kunden erfassen und die daraus resultierenden Kaufmotive ableiten.

WIE GUT KÖNNEN SIE NACHVOLLZIEHEN, WARUM AUS IHREN LEADS KUNDEN WERDEN?

Tipp 34 Erfolgreiche Verkäufer haben erfolgreiche Kunden

Sie wollen erfolgreich sein? Dann ist das Erste, was Sie als Verkäufer benötigen, ein Kunde. Das Suchen, Finden und Behalten von Kunden ist der Kernauftrag eines jeden Verkäufers – und daran macht sich sein Erfolg fest. Doch wo kann ein Verkäufer ansetzen? Vier Hebel stehen grundsätzlich zur Verfügung:

Sie müssen ständig dafür sorgen, dass neue Kunden zu Ihnen kommen

- NEUE KUNDEN GEWINNEN – eine schwierige und kostenintensive Maßnahme, aber unausweichlich. Auch wenn Sie gerade genügend Kunden haben, wird sich ihre Zahl im Laufe der Zeit immer weiter verringern. Kunden kaufen woanders (weil es dort spannender ist?!), ziehen aus Ihrem Einzugsgebiet weg, Unternehmen werden liquidiert usw. Diesem Zahn der Zeit entgeht niemand, also müssen Sie dafür sorgen, dass immer wieder neue Kunden zu Ihnen kommen. Schwierig und kostenintensiv ist diese Vorgehensweise, weil viel Zeit und Geld in Maßnahmen investiert werden, von denen niemand weiß, wie erfolgreich sie sein werden. Henry Ford soll dieses Dilemma folgendermaßen auf den Punkt gebracht haben: *„Ich weiß, dass die Hälfte meiner Ausgaben zur Kundengewinnung vergebens sind, ich weiß nur nicht welche."* Diese Weisheit im Hinterkopf, sollten auch Sie weiter auf dem Weg bleiben, ständig neue Kunden zu akquirieren. Zu diesem Hebel gibt es keine Alternative. Hier kommt es tatsächlich auf die Beharrlichkeit an. Wer dieses Rad nicht ständig weiterdreht, wird mit einem schrumpfenden Kundenstamm zu kämpfen haben. Dranbleiben, heißt die Devise.

- Den gleichen Umsatz mit geringeren Vertriebskosten realisieren. Jeder Verkäufer sollte sich bewusst sein, dass dies eine Option für jedes Unternehmen ist. Kosten im Griff zu haben ist zweifelsfrei eine überlebensnotwendige Aufgabe, denn jeder Euro, der ausgegeben wird, muss zuvor verdient worden sein. Vertriebskosten aber radikal zu reduzieren, eventuell dadurch, dass auf Verkäufer verzichtet wird oder die vorhandenen Verkäufer mehr Kunden betreuen, mag kurzfristig Kosten sparen, birgt aber langfristig immer die Gefahr, dass dies zulasten der Beratung geht und unzufriedene Kunden abwandern.

Die langfristigen Folgen von Einsparungen im Vertrieb sollten gut überlegt werden

Die beiden nächsten Ansatzpunkte bringen nicht nur mehr Umsatz, sondern wirken sich auch direkt auf die Kundenbindung aus – vorausgesetzt dieser Umsatz stiftet entsprechenden Kundennutzen (▶▶ **Tipp 74, 75**).

- Weitere Produkte an bestehende Kunden verkaufen – eine überaus intelligente Strategie. Besteht schon ein Kundenkontakt, liegt es nahe, dem Kunden weitere für ihn sinnvolle Leistungen anzubieten. Ein so agierendes Unternehmen wird demnach seine Maßnahmen so bündeln, dass es zusätzliche, die bisherigen Leistungen sinnvoll ergänzende Angebotspakete für Kunden schnürt. Durch diese „Querverkäufe" (Cross-Selling) erhöht sich nicht nur der Umsatz pro Auftrag, sondern realisiert sich für den Kunden im besten Falle auch ein zusätzlicher Nutzen. Intelligent ist diese Strategie, weil sie die bei Weitem geringsten zusätzlichen Kosten verursacht. Wenn sie durch einen Verkäufer im Außendienst angewendet wird, dann werden so gut wie gar keine Kosten verursacht; lediglich das Gespräch wird erweitert.

Zusätzliche, die bisherigen Leistungen sinnvoll ergänzende Angebotspakete für den Kunden schnüren

- Kunden helfen, mit existierenden Produkten erfolgreicher zu sein – hier schließt sich wieder ein Kreis. Wer im Verkauf erfolgreich sein möchte, braucht im Grunde lediglich seinen Kunden dabei zu helfen, erfolgreich zu sein. Und wie geht das? Dieses Buch ist voller Tipps, die sich genau damit auseinandersetzen. Der zentrale Aspekt ist hier aber wieder die kundenorientierte Beratung. Wer den Kunden in

Kunden helfen, mit existierenden Produkten erfolgreicher zu sein den Mittelpunkt seiner Beratung stellt, mit Fragen (▶ **Tipp 85**) arbeitet, die es möglich machen, seinen Mangel (▶ **Tipp 6**) zu erkennen und dann noch Nutzen-Argumentation ins Spiel bringt, der tut genau dies.

Mit welchen Hebeln gelingt es Ihnen, nicht nur Leistungen zu verkaufen, sondern Ihre Kunden (noch) erfolgreicher zu machen?

Tipp 35 Bitten Sie begeisterte Kunden um Empfehlungen

Der Königsweg, um an neue Kunden zu gelangen

Sich von bestehenden Kunden weiterempfehlen zu lassen, ist der Königsweg, um an neue Kunden zu gelangen, weil hier die Zufriedenheit – oder noch besser die Begeisterung – unmittelbar weitergegeben wird (▶ **Tipp 57**).

Im Falle von derart vermittelten, qualifizierten Kontakten, bei denen Ihnen gleich ein Beratungstermin angeboten wird, finden Sie in der Regel ein offenes Ohr. Wenn es sich dagegen um reine Adressen handelt, müssen Sie noch Überzeugungsarbeit leisten.

Um von bestehenden Kunden die Daten potenzieller Interessenten zu bekommen, benötigen Sie lediglich einige vorgedruckte Postkarten, in die diese die Daten eintragen und an Sie zurückschicken. Um für diese Mühe einen zusätzlichen Anreiz zu bieten, können Sie einige Preise ausloben und unter den Einsendern verlosen. Dies ist gerade im Einzelhandel ein häufig gesehenes Instrument. An die so gesammelten Adressen können Sie dann Mailings (per Post, per E-Mail etc.) durchführen (▶ **Tipp 36**).

Auch das Internet wird immer häufiger als Empfehlungsplattform genutzt. Hier versenden von Ihrer Seite angetane Besucher über den Button „Seite weiterempfehlen" eine vorformulierte Mail oder Ähnliches an den von ihnen bestimmten Empfänger. Sie können sogar noch weiter gehen, indem Sie gleich einen Rückruf-Service oder Ähnliches anbieten. Auch hier können Sie durch ein Preisausschreiben zusätzliche Anreize bieten.

An wirklich qualifizierte Kontakte gelangen Sie aber nur im persönlichen Gespräch. Je nachdem, wie viele Gespräche bis zum Verkaufsabschluss nötig sind und wie viele Leistungen Sie einem Kunden anbieten können, haben Sie praktisch in jedem Gespräch die Möglichkeit, nach Empfehlungen zu fragen. Wie das gehen kann, finden Sie in ▶ **Tipp 98**. Dies ist selbstverständlich die direkteste und intensivste Möglichkeit Empfehlungen zu erhalten.

An wirklich qualifizierte Kontakte gelangen Sie nur im persönlichen Gespräch

Nutzen Sie wirklich jede sich Ihnen bietende Möglichkeit, um an qualifizierte Kontakte und Daten potenzieller Interessenten zu gelangen?

Tipp 36 Setzen Sie durch Mailings positive Akzente

Eine gute Möglichkeit, sich immer wieder in Erinnerung zu bringen und so irgendwann einmal positiv und aktiv im Kopf des Kunden verankert zu sein, bietet sich über Mailings. Je nach Größe Ihres Adresspools bieten sich E-Mailings, persönliche Briefe, aktuelle Angebote usw. an.

Dabei ist es durchaus sinnvoll, sich eine entsprechende Strategie zurechtzulegen. Wie sollen die potenziellen Kunden in den nächsten zwölf Monaten kontaktiert werden? Jeden Monat eine Liste mit Angeboten – oder abwechselnd mit Informationsschriften – oder mal zwischendurch eine Postkarte ausschließlich fürs Image?

Wie so oft gibt es auch hier keinen Königsweg. Ihre Vorgehensweise wird abhängig sein von Ihrer Branche, von der Menge der vorliegenden Kontaktdaten und selbstverständlich von Ihren Zielen. Was wollen Sie im Kopf der Interessenten erreichen? Aufmerksamkeit, Interesse, Bedarfserkennung oder gar Kaufimpulse setzen?

Wichtig dabei zu beachten ist, dass Sie mit Ihren Mailings echtes Interesse auslösen, Ihren Kunden also nützliche Informationen bieten oder für sie wirklich vorteilhafte Angebote machen. Im besten Falle sind sie sogar personalisiert, nennen die Kunden persönlich mit Namen und knüpfen vielleicht sogar an den letzten Kontakt an.

Wichtig ist zu beachten, dass Sie mit Ihren Mailings echtes Interesse auslösen

Werden Ihre Mailings dagegen als die üblichen Massendrucksachen oder als Spam abgetan, können sie kontraproduktiv wirken und Ihre Kunden verärgern.

Wie nutzen Sie Ihre gesammelten Daten, um Kunden und potenzielle Interessenten gezielt anzusprechen?

Tipp 37 Vertrauen ist die Basis jeder Kundenbindung

Eine bekannte Bank hat einmal mit dem Slogan geworben: *„Vertrauen ist der Anfang von allem."* Das gilt vor allem auch für die Kundenbindung. Unter Vertrauen wird ganz allgemein die Annahme verstanden, dass Entwicklungen einen positiven oder erwarteten Verlauf nehmen. Dies bedeutet im Kontext von Kundengewinnung und -loyalität, dass die Erwartungen von Kunden erfüllt werden. Wie lässt sich Kundenvertrauen nun gezielt erzeugen?

Vertrauen baut sich auf emotionaler und nicht rationaler Ebene auf

Da Vertrauen sich weniger auf rationaler als auf emotionaler Ebene bildet, sind immer wieder zu lesende rein faktenorientierte Aussagen wie *„Wir stehen Ihnen mit unserer langjährigen Erfahrung sowie fundiertem Fachwissen kompetent zur Seite"*, die zudem oft auch lediglich Behauptungen bleiben, hier nur wenig überzeugend.

Vertrauensbildende Fragen, die sich Kunden stellen

Um Vertrauen aufbauen zu können, sollten wir uns im Verkaufsprozess immer wieder folgende Fragen vor Augen halten, die sich Kunden (bewusst oder unbewusst) stellen, bevor sie einem Unternehmen ihr Vertrauen schenken:

- Werden sie auch halten, was sie versprechen?
- Sind sie wirklich ihren Preis wert?
- Ist ihr Produkt / ihre Dienstleistung wirklich das, was ich brauche?
- Wird es auch so funktionieren, wie sie es darstellen?

Ohne Vertrauen in Sie und Ihr Leistungsangebot wird kein Kunde sich für Sie als Anbieter entscheiden. Somit sollte jeder Kontakt einen neuen Beitrag zum Vertrauensaufbau leisten. Vertrauen basiert auf den unterschiedlichsten Komponenten.

Da jeder Kunde anders ist, lassen sich die einzelnen Bausteine nicht in einer Formel zusammenfassen. Hier sind ein paar gängige Bausteine genannt:

- Seriöser Firmenauftritt
- Gleich bleibende Produktqualität

- Gutes Preis-Leistungs-Verhältnis
- Ein Image, mit dem sich Kunden identifizieren können (wichtig hier vor allem, dass sich Image und Handeln eines Unternehmens nicht widersprechen)
- Gleich bleibende Servicequalität
- Hohe Zuverlässigkeit
- Zeitnahe und kompetente Kommunikation
- Sinnvolle und nützliche Informationen
- Hohe Reaktionsgeschwindigkeit
- Einhalten von Versprechen
- Proaktives Zugehent

Neben den gelisteten möglichen Elementen, die zum Aufbau von Vertrauen beitragen und auf nachprüfbaren Fakten basieren, steht ein Aspekt ganz zentral: Menschen kaufen von Menschen. Dieser Aspekt spielt vor allen Dingen dann eine noch kritischere Rolle, wenn Ihr Angebot kein Alleinstellungsmerkmal (▶ **TIPP 73**) hat und nicht Marktpreisführer ist.

Eine gute Beziehung zwischen Kunde und Verkäufer ist ausschlaggebend

Zum Aufbau von Vertrauen ist eine gute Beziehung zwischen Kunde und Verkäufer ausschlaggebend. Je besser der Beziehungsaufbau funktioniert, desto besser verläuft das Gespräch, was die Basis dafür ist, ob der Kunde bereit ist, Ihnen Vertrauen zu schenken.

Nehmen wir zunächst die Einstellung des Verkäufers unter die Lupe: Kann der Verkäufer dem Kunden gegenüber authentisch sein Interesse an ihm vermitteln? Ist der Verkäufer tatsächlich in der Lage, sich in den Kunden hineinzuversetzen?

Auch Verkäufer sind potenzielle Kunden. Die Beschäftigung mit folgenden Fragen kann Ihnen helfen, die Kundeperspektive leichter einzunehmen und an einer kundenorientierten Einstellung zu arbeiten:

- Woran wäre ich an seiner Stelle besonders interessiert?
- Was müsste ein Anbieter mir bieten, damit ich mich für sein Produkt / seine Dienstleistung begeistern könnte?
- Wie würde ich selbst gerne behandelt werden?
- Was könnte mich zum Kauf motivieren?
- Welche Zusatzinformationen würden es mir noch leichter machen, mich für das Angebot zu entscheiden?

Immer wieder beobachten wir in unseren Coachings, dass Verkäufer und Vertriebler mit der aus diesen Fragen erwachsenen Einstellung mehr Erfolg haben, eine kundenorientierte und damit Vertrauen schaffende Gesprächsführung aufzubauen. Um erfolgreich zu sein und dem Kunden Vertrauen in die Kompetenz des Verkäufers sowie des angebotenen Produkts zu vermitteln, sollte der Aufbau des Verkaufs- oder Beratungsgesprächs sich an den Anliegen und dem Bedarf des Kunden orientieren (▶ TIPP 83).

Neben dem, *was* gesagt wird, spielt eine entscheidende Rolle, *wie* es gesagt wird, also die nonverbale Kommunikation. Wird das Interesse am Kunden für den Kunden sichtbar? Die nonverbale Kommunikation wird geprägt durch

- Auftreten (Körperhaltung, Bewegung),
- Körpersprache (Gestik und Mimik),
- Kleidung,
- Stimme.

Unstimmigkeit zwischen Worten und Verhalten macht misstrauisch

Um glaubwürdig und Vertrauen erweckend zu wirken, gilt hier: Das, *was* gesagt wird, sollte mit dem, *wie* es gesagt wird, übereinstimmen. Wir alle haben ein sehr feines Sensorium dafür, ob unser Gegenüber authentisch ist. Sobald unsere Worte nicht mit unserem nonverbalen Verhalten übereinstimmen, wird unser Kunde dies spüren und misstrauisch werden. Authentisches Auftreten hat also einen unmittelbaren Effekt darauf, ob und wie viel Vertrauen dem Verkäufer geschenkt wird.

WIE BEWUSST GEBEN SIE IHREN KUNDEN DIE MÖGLICHKEIT, IHNEN ZU VERTRAUEN?

Tipp 38 Die „Service-Profit-Chain“ – Servicequalität nutzt beiden: Kunden und Anbietern

Die so genannte SERVICE-PROFIT-CHAIN ist ein Modell, das erklärt, warum sich Servicequalität für beide lohnt: den Kunden und den Anbietern.

Der Startpunkt ist Ihr Gewinn – deswegen beschäftigen Sie sich schließlich überhaupt mit dem Thema Kundenbindung. Ihren Gewinn möchten Sie natürlich durch Ihre Kunden erwirtschaften. Die Kunden werden ihr Geld bei Ihnen aber nur ausgeben, wenn die Performance Ihres Unternehmens stimmt.

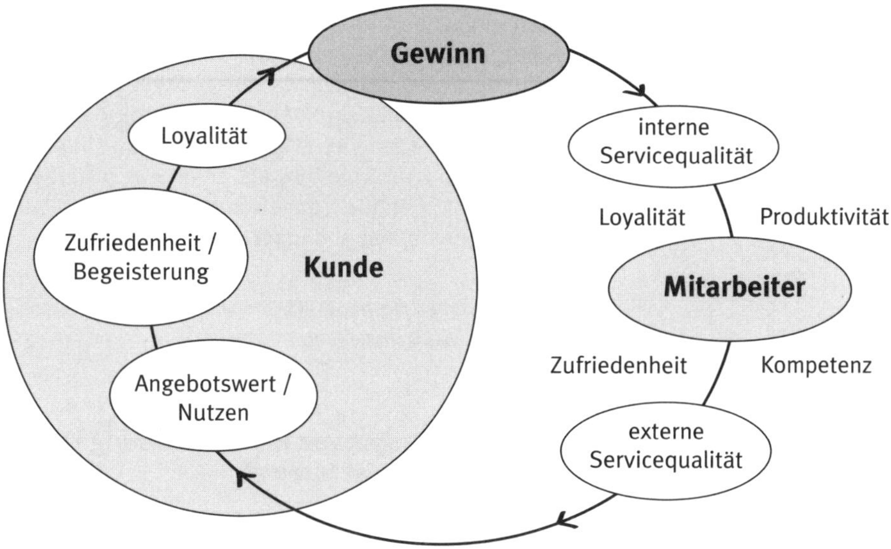

Abb. 6: Die Service-Profit-Chain

Ihre Performance ergibt sich aus der Summe von Produkten, die Sie anbieten, und den Dienstleistungen, die Sie erbringen. Wenn Ihre Performance stimmt und kundenorientiert ist, hat sie für Ihre Kunden einen hohen Wert. Aus der Wertschätzung Ihres Angebots erwächst Zufriedenheit, vielleicht sogar Begeisterung (▶ **TIPP 10**) und entsteht schließlich Kundenloyalität.

Wenn die externe Servicequalität stimmt, entwickeln Kunden Loyalität

Wann wird nun der Schwellenwert erreicht, ab dem Kunden Zufriedenheit und danach Loyalität entwickeln? Sobald Sie und Ihre Mitarbeiter Ihre Sache ordentlich machen, wenn also, wie es im Modell genannt wird, die externe Servicequalität stimmt. Sie umfasst die Qualität der Kernleistung, Freundlichkeit, Flexibilität, Bereitschaft zu Extraleistungen etc.

Wann aber erbringen die Mitarbeiter die notwendige externe Servicequalität? Wenn die so genannte interne Servicequalität ein gewisses Niveau erreicht hat. Die interne Servicequalität setzt sich letztlich zusammen aus der Produktivität jedes einzelnen Mitarbeiters, seiner Kompetenz, seiner Zufriedenheit und seiner Loyalität zum Unternehmen. Es gilt also, genau dies zu fördern. Die Werkzeuge, die dafür zur Verfügung stehen, finden Sie in ▶▶ **TIPP 15 BIS 21**.

Unternehmen müssen einen Teil des Gewinns in die Zufriedenheit ihrer Mitarbeiter investieren

Auf einen einfachen Nenner gebracht bedeutet das, dass Unternehmen einen Teil des Gewinns in die Zufriedenheit ihrer Mitarbeiter investieren müssen. An dieser Stelle liegt die Investition in den Kreislauf. Dabei ist es im Prinzip eine Anfangsinvestition, denn über jede neue Runde wird dem Unternehmen mehr Gewinn zurückfließen, als er erneut investieren muss. Es erweist sich letztlich, dass Kundenzufriedenheit und Betriebsklima voneinander abhängen (▶▶ **TIPP 18, 22**).

WIE VIEL INVESTIEREN SIE REGELMÄSSIG IN DIE MOTOREN DIESES KREISLAUFS, ALSO IHRE MITARBEITER?

Tipp 39 Das Gelingen von Kundenbindung hängt von vielen Faktoren ab

Das Zustandekommen von Kundenbindung ist ein sehr komplexer Vorgang, der nur gelingen kann, wenn ein Unternehmen mit den vielfältigen Einflussfaktoren richtig umgeht. Die maßgebenden internen Faktoren werden in ▶ **TIPP 20** vorgestellt.

Welchen Einflussgrößen ist das Unternehmen ausgesetzt?

Eine Möglichkeit, sich über die Einbettung des Unternehmens in sämtliche Einflussgrößen klar zu werden, bietet das so genannte ST. GALLER MODELL, das wir hier kurz vorstellen wollen.

Abb. 7: St. Galler Modell – Einflussgrößen auf Kundenzufriedenheit

Jedes Unternehmen ist in verschiedenste Einflusskreise eingebettet

Das Modell bettet das Unternehmen gewissermaßen in verschiedene Einflusskreise ein. Der äußerste Kreis steht für die Natur, dann folgen Gesellschaft, Wirtschaft und Technik, das direkte Umfeld des Unternehmens ist von den zur Verfügung stehenden Ressourcen, Werten und Normen und Interessen geprägt. Im innersten Kreis steht das Unternehmen selbst mit seinen Strategien, Prozessen und Werten.

Alle diese Kreise und auch das darin eingebettete Unternehmen werden durch die verschiedensten Faktoren beeinflusst: Staat und Verwaltung, Gesetzgebung, Marktverhältnisse und Wettbewerb, Trends, Investoren, Öffentlichkeit und natürlich die Kunden.

Um mit dem Modell zu arbeiten, ist der Ausgangspunkt immer, einen bestimmten Prozess zu betrachten, z.B. dass ein Außendienstmitarbeiter einen Kunden besucht oder ein Unternehmen auf einen neuen Trend am Markt reagieren muss. Nun können Sie anhand der unterschiedlichen Einwirkungselemente analysieren, wie und wodurch der infrage stehende Prozess beeinflusst wird.

Natürlich kann das hier nur ansatzweise dargestellt werden. Beispielsweise können sich folgende Fragen stellen:

- Wie fördert oder behindert „der Staat" einen Prozess? Etwa kann sich eine Rechtsunsicherheit in Bezug auf Abgasnormen negativ auf die Zufriedenheit der Kunden der Anbieter von Rußpartikelfiltern auswirken, während Anbieter von Sonnenkollektoren hier von einer staatlichen Förderung profitieren.
- Welchen Einfluss haben neue Trends (die ein Unternehmen natürlich nicht zu verantworten hat) auf die Wünsche und Ansprüche von Kunden?
- Welchen Einfluss nimmt die öffentliche Meinung auf das Angebot? Beispielsweise erzielen die Anbieter ökologisch hergestellter oder fair gehandelter Produkte Wettbewerbsvorteile, indem sie ihre Kunden in Bezug auf die entsprechenden in der Öffentlichkeit diskutierten Themen zufrieden stellen?

Welchen Prozess, welche Abhängigkeiten und Zusammenhänge Sie auch immer im näheren oder weiteren Umfeld Ihres Unternehmens präzise betrachten wollen, mit dem St. Galler Modell werden Sie es genau „sezieren" können.

SIND SIE SICH DARÜBER BEWUSST, VON WELCHEN KOMPLEXEN FAKTOREN DIE ZUFRIEDENHEIT IHRER KUNDEN ABHÄNGT?

Tipp 40 Seien Sie kreativ: Binden Sie Kunden anders als die anderen

Wie setzt man sich positiv vom Wettbewerb ab?

Wenn Kundenbindung Ihr Thema ist, gibt es immer eine ganz grundsätzliche Frage: Wie kann ich mich von meinen Mitbewerbern abheben? Schließlich möchten Ihre Kunden gerne wissen, warum sie ausgerechnet zu Ihnen kommen sollen. Wenn Sie genau so sind, wie alle anderen, gibt es keinen Grund – es sei denn, Sie wären preiswerter. Aber als Alleinstellungsmerkmal (▶ **TIPP 73**) lediglich den Preis zu haben, kann sich als zu kurz gedacht herausstellen, denn Kunden, die nur des Preises wegen zu Ihnen kommen, wandern auch sofort wieder ab, sobald Sie jemand im Preis unterbietet (▶ **TIPP 14**).

Die nachhaltig wirksamen Antworten zu den Unterscheidungen zum Wettbewerb liegen dagegen in den Produkten und Leistungen eines Unternehmens, seinen Mitarbeitern und Strukturen begründet. Sie werden nur mit Leistungsaspekten punkten können, die Sie positiv vom Wettbewerb absetzen und unterscheiden. Sammeln Sie dazu entsprechende Vergleichsgrößen (▶ **TIPP 79**). Besonders aufschlussreich können gerade auch Daten aus fachfremden Branchen sein, da sich hier vielfach echte Innovationen ableiten lassen. Die Ansatzpunkte und Strategien für Kundenzufriedenheit, die sich so entwickeln lassen, sind in der Regel erfreulich anders als die üblichen „Geiz ist geil"-Parolen.

Suchen Sie nach möglichen Vergleichsgrößen

Möchten Sie darüber hinaus noch anders als die anderen auftreten, bleiben Ihnen zwei Wege offen.

Der erste Weg ist die Beauftragung einer kreativen Werbeagentur – mit den damit verbundenen Kosten! Der zweite Weg ist, es mit eigenen Hausmitteln zu versuchen. Was hält Sie davon ab, einmal zwei Stunden im Kreis der Verkäufer, in einer Führungsrunde oder einem Jour fixe mit der kreativen Suche nach „anders als die anderen" zu verbringen?

WELCHE GRÜNDE GEBEN SIE IHREN KUNDEN, AUSGERECHNET BEI IHNEN ZU KAUFEN?

Teil F Wie Sie Kunden pflegen und halten

Tipp 41 Erfüllen Sie Kundenerwartungen

Kundenerwartungen (▶ **Tipp 9**) und -ansprüche entstehen durch unterschiedlichste Einflussgrößen, wie z.B. gegebene Versprechen, Unternehmens- und Produktimage, Preis, persönliche Vorerfahrung etc. Erwartungen zu erfüllen führt zu Zufriedenheit Ihrer Kunden, wobei das letztlich immer subjektiv ist. Die Nagelprobe hier ist, ob Sie letztlich einlösen können, was Sie in Ihrer Kundenkommunikation versprochen haben, was aus Ihrer Marktpositionierung oder Ihrem Image ableitbar ist und wie weit Sie den individuellen Erwartungen eines Kunden entsprechen.

Können Sie einlösen, was Sie versprochen haben und was von Ihnen erwartet wird?

Jeder Kunde stellt neben Erwartungen an Ihr Angebot und Ihr Unternehmen insbesondere persönliche und fachliche Ansprüche an das Verkaufs- und Servicepersonal. Sollte der Kunde feststellen, dass der Service nicht kompetent abgewickelt wird, so führt dies zur Unzufriedenheit. Neben der fachlichen Kompetenz spielt wie immer auch die persönliche Ebene zwischen Servicemitarbeiter und Kunden eine Rolle (▶ **Tipp 16**). Kunden erwarten in der Regel bewusst oder unbewusst, dass Sie und Ihre Mitarbeiter freundlich und jederzeit gut erreichbar sind, ein ordentliches Erscheinungsbild abgeben, gegebenenfalls Problemlösungen anbieten (▶ **Tipp 6**), Fragen kompetent und professionell beantworten.

Um Kundenerwartungen erfüllen zu können, ist es zunächst einmal erforderlich, diese nicht nur zu vermuten, sondern wirklich zu kennen. Und niemand kann besser darüber Auskunft geben, als Ihre Kunden selbst.

Deshalb sind Kundenbefragungen sowie Kundenzufriedenheitsanalysen zu einem wichtigen Instrument geworden, um langfristige Kundenloyalität zu gewährleisten. Neben der Listung der einzelnen Parameter, deren Erfüllung ein Kunde erwartet, ist es auch wichtig, die Priorität der einzelnen Themen beurteilen zu lassen. Damit können Stärken und Schwächen Ihrer Leistung dargestellt und Handlungsschritte zur Verbesserung definiert werden.

Führen Sie Kundenbefragungen sowie Kundenzufriedenheitsanalysen durch

Befragungen erfassen allerdings nicht die emotionalen Faktoren, die die Einstellungen und das Verhalten der Kunden unterbewusst steuern (▶ TIPP 64).

Und hier noch ein Gedanke dazu, was passiert, wenn wir Kunden nicht zufrieden stellen: Kunden kritisieren in der Regel nicht, sie kommen einfach nicht wieder! Deswegen sind Reklamationen und Kritik so wertvoll (▶ TIPP 51)!

Je schärfer der Wettbewerb in Ihrem Marktsegment ist, desto eher werden unzufriedene Kunden abwandern. Vielfältige Konkurrenz macht es also umso notwendiger, Kundenzufriedenheit auch im Vergleich mit dem Mitbewerber zu messen (▶ TIPP 79), was durch ein professionell aufgesetztes BENCHMARKING, also eine vergleichende Analyse mit einem festgelegten Referenzwert, ermöglicht wird. Aus den Ergebnissen des Benchmarkings lassen sich konkrete Strategien ableiten, um die Zufriedenheit Ihrer Kunden zu gewährleisten. Denn nur loyale Kunden werden auch in Zukunft bei Ihnen kaufen und Ihr Unternehmen weiterempfehlen (▶▶ TIPP 35, 57).

WISSEN SIE KONKRET UND IM DETAIL, WAS IHRE KUNDEN VON IHNEN ERWARTEN?

Tipp 42 Schon ein einziger unzufriedener Kunde stellt eine Gefahr dar

Werden die Erwartungen eines Kunden nicht erfüllt, liegt also die tatsächliche Leistung des Unternehmens unter der Erwartung des Kunden, ist dieser unzufrieden und enttäuscht.

Unzufriedene Kunden geben ihre negativen Erlebnisse oft weiter

Schon ein einziger unzufriedener Kunde stellt für ein Unternehmen eine große Gefahr dar. Es hat sich gezeigt, dass unzufriedene Kunden ihre negativen Erlebnisse sehr oft weitererzählen. Zudem wandern enttäuschte Kunden vom Unternehmen ab und wechseln zu einem anderen Anbieter. Und der Zugang zu anderen Anbietern wird im Zeitalter von Internet und Globalisierung immer leichter.

Die Forschungsgruppe TARP (Technical Assistance Research Programs) hat herausgefunden, dass sich lediglich 2,5 Prozent aller unzufriedenen Dienstleistungskunden beschweren. Enttäuschte Kunden wollen in der Regel nicht die Last auf sich nehmen, sich mit dem Unternehmen nochmals über den entsprechenden Sachverhalt auszutauschen, sondern gehen gleich zur Konkurrenz.

Stattdessen machen sie ihrem Ärger im Bekanntenkreis Luft: Ein enttäuschter Kunde berichtet bis zu zehn Personen von seinen schlechten Erfahrungen. Eine von fünf Personen gibt das Erlebnis sogar bis an über 20 Personen weiter.

Gerade im Internet verbreitet sich Kritik rasend schnell

Berücksichtigt man entsprechende Kundenplattformen im Internet, auf denen Kunden anderen von ihren Erfahrungen berichten oder die zunehmende Praxis, die Leistung von Anbietern zu bewerten, wird klar, wie schnell schon ein einziger unzufriedener Kunde eine negative Kritik über ein Unternehmen verbreiten kann. Viele potenzielle Kunden gehen gar nicht erst auf einen solchen Anbieter zu, weil sie die schlechten Erfahrungen anderer wahrgenommen haben.

Mit einer Qualitätssicherung und einem Beschwerdemanagement (▶ **TIPP 51**) kann hier vorgebeugt werden. Dabei ist Voraussetzung, die Gründe für die Unzufriedenheit der Kunden zu kennen oder aber bei akuter Kritik schnellstens in Erfahrung zu bringen. Hier geht es nicht (nur) darum, alle unzufriedenen Kunden zufrieden zu stellen, was oft gar nicht möglich ist. Vielmehr soll erreicht werden, dass man sich berechtigten Beschwerden stellt, deren Gründe sorgfältig analysiert und den Stein des Anstoßes künftig verhindert.

BEMÜHEN SIE SICH UM JEDEN EINZELNEN UNZUFRIEDENEN KUNDEN?

Tipp 43 Führen Sie mit unzufriedenen Kunden gezielt Problemgespräche

Eine professionelle Gesprächsführung ist wichtig, um sensibel auf den Kunden eingehen zu können

Leider sind nicht alle Probleme im Vorhinein zu vermeiden oder abzusehen. Wenn ein Problem entsteht, ist deshalb eine professionelle Gesprächsführung wichtig, um sensibel auf den Kunden eingehen zu können. Im Folgenden bieten wir eine Gesprächsstruktur an und listen Verhaltensweisen auf, die in jeder Phase von Relevanz sind:

VORBEREITUNG

- Alle Fakten sammeln, die zum Problem geführt haben.
- Richtig zuhören (▶ **TIPP 88**).

- Nicht ins Wort fallen. Dies ist besonders dann wichtig, wenn der Kunde emotional ist.
- Dem Kunden signalisieren, dass man zuhört, z.B. durch Kopfnicken und Augenkontakt.
- Mitschreiben, um zu demonstrieren, dass man das Problem ernst nimmt.
- Fragen stellen, um die Situation so genau wie möglich zu erfassen.
- Nicht sofort das Gegenargument bringen. Es ist wichtig, genug Zeit zum Nachdenken zu gewinnen.

Beruhigen

- Verständnis zeigen, dass die Situation für den Kunden problematisch ist.
- Wenn angemessen, zum Ausdruck bringen, dass man das, was geschehen ist, bedauert.
- Deutlich sagen, dass man für eine Lösung sorgen wird.

Für eine Lösung sorgen

- Wenn angemessen, erfragen, was der Kunde erwartet.
- Sich jedoch gleichzeitig nicht auf einen Standpunkt festlegen lassen.
- Deutlich sagen, was man tun wird – und dies dann auch wirklich umsetzen!
- Eventuell Verträge und Service Level Agreements durcharbeiten.

Abschliessen

- Wiederholen, was man besprochen und abgemacht hat.
- Den Kunden bitten, eventuelle Beweisstücke zuzusenden oder aufzubewahren.
- Nie eigene Kollegen und das eigene Unternehmen schlechtmachen.

Follow-up

- Dafür sorgen, dass die Versprechungen auch eingehalten werden.
- Über den Verlauf der Lösung auf dem Laufenden halten.
- Nach Lösung des Problems den Kunden nochmals kontaktieren, um zu erfragen, ob alles zur vollen Zufriedenheit erledigt wurde.

Schaffen Sie es in Problemgesprächen, dem Kunden zunächst wirklich zuzuhören?

Tipp 44 Die Kür der Kundenbindung: Übertreffen Sie Kundenerwartungen

Steht ein Kunde vor einer Kaufentscheidung, so hat er heute viel mehr Informationsquellen zur Verfügung als noch vor einigen Jahren. Kunden beziehen sich vermehrt auf Testberichte, Empfehlungen, Meinungsforen, Blogs oder Produktvergleiche im Internet, um das Risiko von Fehleinkäufen zu reduzieren. Die gebotene Transparenz führt zu wachsenden Anforderungen der Kunden an Unternehmen. Anbietende Unternehmen müssen ihren Service optimieren, um Kundenerwartungen zu entsprechen bzw. diese zu übertreffen.

Wachsende Anforderungen der Kunden an Unternehmen

Auf die Servicequalität wird umso stärker geachtet, je schärfer der Wettbewerb ist und je weniger Sie sich vom Wettbewerb (über Leistung oder Preis) absetzen. Das bedeutet also, dass mit Umsatzrückgang zu rechnen ist, falls die Betreuungsleistung unzureichend ist. Verschiedene Untersuchungen zeigen, dass Unternehmen, die ihre Betreuungsleistung optimiert haben, ihren Umsatz steigern.

Kundenerwartungen zu entsprechen bedeutet, mehr als festgelegte Leistungskriterien zu erfüllen

Dabei ist es nicht die Erfüllung vorab festgelegter Leistungskriterien, die den Erfolg im Umgang mit Kunden bestimmt, sondern die *vollkommene* Erfüllung der Kriterien, die *aus Kundensicht* entscheidend ist, sowie ein Übertreffen der Erwartungen. Werden Kundenerwartungen übertroffen, begeistern sich Kunden für das Unternehmen und werden loyal.

Mit anderen Worten: Um Loyalität zu erreichen, genügt es nicht, lediglich Kundenerwartungen zu entsprechen (▶ **Tipp 10**). Die einfache Erfüllung von Erwartungen, z.B. eine reibungslose Bestellabwicklung, setzt ein Kunde voraus. Nur wenn die Erwartung übertroffen wird, erinnert er sich an das positive Erlebnis. Was Ihren Kunden in bewusster Erinnerung bleibt, sind die gewissen Extras, wie z.B. außergewöhnliche Serviceideen, unerwartete sowie besonders zuverlässig und schnell erbrachte Leistungen oder vielleicht die Gelegenheit für überraschende Spontankäufe (▶ **Tipp 65**).

Das Übertreffen von Kundenerwartungen ist oft mit kleinen Dingen und Gesten verbunden und liegt nicht in kosten- und zeitintensiven Aktionen. Es geht darum, durch eine Handlung eine für den Kunden überraschende Leistung zu erbringen (▶ Tipp 45), durch die er sich besonders wahrgenommen und geschätzt fühlt. Als individuelle Person und nicht als anonymer und austauschbarer Kunde gesehen zu werden, lädt zu Begeisterung für Ihr Unternehmen ein.

Loyale Kunden kaufen öfter und mehr und sind weniger preissensibel

Nur wenn Sie mehr leisten, als Ihre Kunden erwarten, schaffen Sie es, Ihre Kunden zu begeistern – und zu Stammkunden zu machen, mit dem Zusatzeffekt, dass sich dieses herumspricht. Loyale Kunden kaufen öfter und mehr, sind weniger preissensibel. Und sie empfehlen Ihr Unternehmen weiter (▶ Tipp 57). Es ist durchschnittlich fünf Mal ertragreicher, aktiv ein Empfehlungsgeschäft zu fördern, anstatt sich nur auf den Eigenumsatz eines Bestandskunden zu konzentrieren.

> *Welche Erlebnisse können Sie im Rahmen der Leistungserstellung für Ihre Kunden schaffen, die über deren Erwartungen hinausgehen?*

Tipp 45 Kundenüberraschung beeinflusst Kundenbindung

Überraschungen kennzeichnet immer das Unerwartete

Was kennzeichnet eine Überraschung? Es ist immer das Unerwartete (im dargestellten Kontext natürlich im positiven Sinne gemeint). Und genau hier liegt die Herausforderung. Was genau ist unerwartet? Dies lässt sich nur beantworten, indem wir in Bezug auf die Vermarktung unserer Leistung genau sagen können, was Kunden üblicherweise als Standard erwarten (▶▶ Tipp 9, 41).

Zunächst einmal müssen Sie in Erfahrung bringen, was Ihre Kunden als Standard erwarten

Erwartungen entstehen auch durch Erfahrungen und Vergleiche mit anderen Anbietern am Markt. Eine gründliche Wettbewerbsanalyse, so arbeitsintensiv diese auch sein mag, wird Ihnen Informationen darüber liefern, wie die Erwartungen Ihrer Kunden aussehen könnten. Folgende Fragen helfen bei der Orientierung:

- Welche vergleichbaren Anbieter, Produkte und Dienstleistungen gibt es am Markt?
- Wie sind diese positioniert? Welchen Stellenwert hat ein möglicher Wettbewerber am Markt (Größe, Angebotsportfolio, Reputation, Netzwerke etc.)?

- Was sind deren Stärken/Schwächen?
- Was sind Ihre Stärken/Schwächen? (▶ Tipp 63)
- Was können Sie im Rahmen der Wirtschaftlichkeit bieten, um sich von der Konkurrenz abzusetzen?

Das Ergebnis Ihrer kritischen Wettbewerberanalyse sollte eine Matrix sein, welche Ihnen Ihren möglichen Spielraum am Markt schnell aufzeigt. Und die Überraschung liegt außerhalb des Rahmens und oft im Detail, da, wo ganz konkret auf den Kunden eingegangen wird.

Entwickeln Sie das Sahnehäubchen für Ihre Kunden

Wenn Sie die gängigen Standards am Markt kennen, können Sie darangehen, das Sahnehäubchen zu entwickeln, mit dem Sie Ihre Kunden überraschen und dauerhaft an sich binden können.

> *Wissen Sie, wie Sie Ihre Kunden im Rahmen der Wirtschaftlichkeit gezielt überraschen können?*

Guter Service erweist sich gerade im Ausnahmefall

Tipp 46 Etablieren Sie Servicestandards, bleiben Sie aber trotzdem flexibel

Wirklichen Service zu bieten bedeutet, sich voll und ganz am Kunden zu orientieren. Mit Service ist dabei die Gesamtleistung des Unternehmens vor, während und nach dem Kauf gemeint. Da eine maßgeschneiderte Betreuung jedes einzelnen Kunden aufgrund der Größe einer Zielgruppe in der Regel nicht möglich ist, hilft es, sich an allgemeinen Kategorien von Kundenerwartungen zu orientieren. Es sind hierzu unterschiedlichste Umfragen und Studien durchgeführt worden. Einen gemeinsamen Nenner zu finden, ist dabei nicht gelungen, weil jeder einzelne Kunde auf unterschiedliche Aspekte Wert legt.

Orientieren Sie sich zunächst an allgemeinen Kategorien von Kundenerwartungen

Folgende Elemente, die einen exzellenten Service ausmachen, werden jedoch immer wieder genannt:

Elemente, die einen exzellenten Service ausmachen

- Erreichbarkeit
- Freundlichkeit, auch zu Hauptgeschäftszeiten
- Zuverlässigkeit und Termintreue
- Fach- und Servicekompetenz
- Rechtzeitige Information (vor allen Dingen, wenn Absprachen nicht eingehalten werden können)
- Kundendienst- und Reparaturleistungen

- Nachvollziehbare Berechnung der Leistungen
- Umgehende Reaktion auf Beschwerden innerhalb einer Woche
- Klare Rückgaberegelung

Unternehmen können aber auch mit neuen originellen Dienstleistungen Begeisterung beim Kunden auslösen.

Dienstleistungen mit gleich bleibend hohem Niveau umsetzen

Voraussetzung für einen gleich bleibend guten Service ist, dass Servicestandards (▸ **Tipp 48**) definiert und Dienstleistungen mit gleich bleibend hohem Niveau umgesetzt werden, damit die Erbringung einer Leistung nicht Erwartungen weckt, die später nicht mehr erfüllt werden können.

Auch wenn Ihr Service klar definiert ist und Ihre Mitarbeiter die Standards kennen und auch leben, gilt es dennoch Folgendes zu beachten: Wie gut und leistungsfähig ein Service wirklich ist, erweist sich nicht, wenn alles nach Plan läuft, sondern im Ausnahmefall. Seien Sie also gerade in Situationen, die „out of the box“, also nicht vordefiniert sind, flexibel und kulant. Kunden können in solchen Situationen genau erkennen, ob sie als Mensch und Kunde im Mittelpunkt stehen oder ob sie ein „Fall“ sind, der im Rahmen eines Prozesses „abgearbeitet“ wird.

Außergewöhnliche Situationen, die flexibles Verhalten erfordern, bieten eine einzigartige Möglichkeit, Ihre Kundenorientierung unter Beweis zu stellen: Kunden erkennen, wenn Servicemitarbeiter auf ihre individuelle Lage eingehen und fühlen sich dem Mitarbeiter aufgrund seines persönlichen Einsatzes zur Problemlösung oft (im guten Sinne) verpflichtet. Dies sind die größten Chancen, die Sie haben, Kundenloyalität zu schaffen.

Staffeln Sie Ihren Service nach Umsatz oder Potenzial von Kunden

Bedenken Sie bei der Etablierung von Servicestandards auch, dass es im Sinne der Wirtschaftlichkeit unvorteilhaft ist, sämtlichen Kunden die gleiche Servicequalität zu bieten. Umsatzstarke Kunden oder solche mit hohem Potenzial sollten hier intensiver betreut werden als umsatzschwache Kunden (▸▸ **Tipp 59 bis 62**).

Definieren Sie Ihre Serviceleistung am Standard oder am Ausnahmefall?

Tipp 47 Nutzen Sie „hybrides Kaufverhalten“, um Ihren Kunden Mehrwert zu bieten

Das Kaufverhalten ist immer weniger eindeutig

Marktforschern fällt es immer schwerer, das Kaufverhalten von Kunden zu erklären oder gar zu prognostizieren. Wir fliegen zum Beispiel nach Mallorca zum Golfen – aber mit dem Billigflieger. Der Heavy-Metal-Fan geht auch schon einmal ins Kammerkonzert. Wir mieten das teure Haus, aber den Umzug erledigen wir selbst. Designerkleidung und die Brille mit Kassengestell schließen sich nicht mehr unbedingt aus. Die Plastiktasche des Billigdiscounters im Porsche-Cabrio ist für dieses „hybride“ Kaufverhalten schon sprichwörtlich geworden.

In der Regel beklagen Anbieter, dass es ihnen angesichts der Unberechenbarkeit und Widersprüchlichkeit der Kunden zunehmend schwerer fällt, ihr Leistungsportfolio vernünftig zu planen. Hybrides Kaufverhalten kann aber auch eine Chance sein.

Den Kunden zusätzlichen Nutzen stiften

So platzierte ein Einzelhändler in ein Regal mit Pampers auch ein kleines Angebot an Bier. Was von der Warengruppensystematik her völlig abwegig scheint, ist vom Bedarf der Kunden her gedacht allerdings absolut serviceorientiert. Der Einzelhändler hatte nämlich beobachtet, dass viele junge Väter nach der Arbeit neben den Windeln für den Nachwuchs in großer Eile auch schnell noch ein Feierabendbier mitnahmen und ersparte ihnen durch seine kreative Regalbestückung so den Zeit raubenden Weg in die Getränkeabteilung.

Betrachten Sie also Ihr Leistungsportfolio und fragen sich,

Die Leistungen anderer Anbieter ergänzen

- ob Sie Leistungen erbringen, die Produkte, Dienstleistungen oder Ideen anderer Anbieter als „Nebenleistungen“ sinnvoll ergänzen können. Betreiben Sie zum Beispiel eine Hausmeisteragentur, dann nehmen Sie Kontakt zu örtlichen Vermietern auf. Sie können so gemeinsam mit dem Hauptanbieter ein Paket schnüren, welches den zukünftigen Kunden in der Summe günstig erscheint. Ihr weiterer Vorteil liegt darin, dass der Vermieter als Hauptanbieter einen großen Teil der Akquisitionsleistung erbringt, Sie also hier Investitionen einsparen können.

Den Nutzen der eigenen Leistung durch die Leistungen anderer Anbieter erhöhen

- welche Produkte, Dienstleistungen oder Ideen anderer Anbieter Ihre eigenen Leistungen sinnvoll ergänzen könnten. Verkaufen Sie z.B. Motorräder, dann sorgen Sie dafür, dass Sie mit einer Versicherungsagentur zusammenarbeiten, die besonders preiswert ist. Über diesen Service stellen Sie dann für Ihre Biker ein Mehrwert-Paket zusammen, das ihnen bequem einige Wege und Überlegungen abnimmt. In vielen Fällen erleichtert es dem Kunden die Kaufentscheidung, wenn er weiß, dass alles darum herum „in trockenen Tüchern“ ist und er sich um nichts mehr zu kümmern braucht. Einfach starten und losfahren!

Kundenverhalten beobachten und sinnvolle Maßnahmen ableiten

Sie können solche Überlegungen, Ihren Kunden sinnvollen Mehrwert zu stiften, systematisch betreiben oder aber, wie das Beispiel mit den Pampers zeigt, auch aus dem – hybriden – Verhalten Ihrer Kunden ableiten.

DURCH WELCHE ERWEITERUNGEN IHRES LEISTUNGSPORTFOLIOS ODER WELCHE SORTIMENTSPOLITIK KÖNNEN SIE IHREN KUNDEN ZUSÄTZLICHEN NUTZEN UND MEHRWERT STIFTEN?

Tipp 48 Machen Sie Servicequalität messbar

Eine unumgängliche Notwendigkeit für Unternehmen und Führungskräfte ist es zu definieren, was als Servicequalität gelten soll. Denn schließlich sollen ja die Mitarbeiter die Serviceleistungen so umsetzen, dass sie zu Kundenbegeisterung führen. Und dazu ist es schon ziemlich vorteilhaft, wenn die Ausführenden auch wissen, woran sie sind. Unsere Erfahrung ist, dass entsprechende Mängel weit weniger aus den Unzulänglichkeiten der Mitarbeiter resultieren, als aus unklarer Kommunikation. Was, bitte schön, ist ein Verkaufsraum, der „picobello aufgeräumt“ ist? Was bedeutet es konkret, einen Reklamationsfall „mit Kulanz“ zu behandeln? Wenn sich hier die Kommunikationspartner nicht genau kennen, wird es problematisch. Bei solch unpräzisen Angaben kann ein Mitarbeiter nur zufällig die Serviceansprüche seines Unternehmens erfüllen. Der Zielkorridor ist schmal und sehr schnell befindet man sich entweder auf der einen oder der anderen Seite daneben – Konflikte sind vorprogrammiert.

Viele Servicemängel erwachsen aus unklarer Kommunikation

Je genauer Sie den Qualitätsanspruch definieren, umso genauer kann Ihr Mitarbeiter den Zustand herbeiführen, den Sie sich wünschen. Am besten umzusetzen und zu überprüfen sind natürlich Serviceanforderungen, die quantifiziert und damit messbar sind. Also heißt es statt *„Auf Reklamationen wird zeitnah reagiert“* besser *„Auf Reklamationen wird innerhalb von 24 Stunden mit einem Telefonat oder einer E-Mail reagiert“*.

Auch bereits allgemein anerkannte Definitionen oder Normen sind gut geeignet, Servicequalität „festzuschreiben“.

In manchen Fällen allerdings liegen solche genauen Definitionen nicht vor oder aber sind schlichtweg nicht zu leisten. Hier hilft es meist, die Dinge genau zu benennen, die geändert werden sollen. Geht auch das nicht, kann das Installieren einer – zugegebenermaßen immer subjektiven – Bewertungsskala helfen: *„Ihr Verhalten an der Servicehotline empfinde ich als zu wenig verbindlich. Auf einer Skala von eins bis zehn würde ich hier eine Fünf vergeben. Bitte leiten Sie mehr konkrete Maßnahmen ein.“* Wir wissen sehr wohl, dass solche Hilfsgrößen nicht der optimale Weg sind und es auch hier zu Missverständnissen kommen kann. Es ist allerdings deutlich besser als gänzlich unspezifisch zu bleiben.

HABEN SIE MESSBARE KRITERIEN FÜR IHRE SERVICEQUALITÄT EINGEFÜHRT UND KOMMUNIZIEREN ENTSPRECHENDE VORGABEN EINDEUTIG AN IHRE MITARBEITER?

Tipp 49 Bringen Sie sich bei Ihren Kunden nachhaltig in Erinnerung

An wen erinnern wir uns eigentlich? Was muss passieren, damit wir uns an jemanden erinnern?

Die eine Möglichkeit ist ein „Bang“! Es gab ein Ereignis, das uns regelrecht umgehauen, uns schlichtweg sprachlos gemacht hat, und zwar von einem Moment auf den anderen. Eine Möglichkeit, diesen „Bang“ im Sinne von Kundenbindung umzusetzen, liegt darin, Ihre Kunden zu überraschen, indem Sie ihnen mehr bieten als sie erwartet haben (▶▶ **TIPP 10, 44, 45**). Dies setzt aber eine genaue Kenntnis der Zielgruppe und eine perfekte Umsetzung voraus.

Einfacher ist es, sich die Macht der Wiederholung zu Nutze zu machen. Dinge und Ereignisse, auf die wir oft aufmerksam werden, brennen sich sozusagen Stück für Stück in die Festplatte unseres Gedächtnisses ein – und zwar ohne dass wir uns dagegen wehren können. Wiederholung ist die einfachste Art (nicht die beste, nicht die effektivste und nicht die intelligenteste) zu lernen. Immer wieder die gleiche Botschaft präsentiert zu bekommen, bewirkt, dass wir die Botschaft irgendwann einmal gelernt haben. Davon lebt die Werbung.

Wenn zudem die Botschaft nicht grundsätzlich auf negativ belegten Boden fällt (*„Eigentlich müssten Sie sich dringend um Ihre Altersvorsorge kümmern“*), dann stellt sich über die vielen Wiederholungen auch der Effekt ein, dass Ihr Kunde die Botschaft Stück für Stück sympathischer findet!

Was unternehmen Sie, um den einen oder anderen Leistungsaspekt Ihres Angebotes dauerhaft in den Köpfen Ihrer Zielgruppe zu verankern?

Tipp 50 Lediglich zufriedene Kunden reichen auf Dauer nicht aus

Kundenzufriedenheit garantiert noch keine dauerhafte Kundenloyalität

Für wirkliche Serviceprofis geht es mit der Kundenbindung erst richtig los, wenn die Kunden schon zufrieden sind. Zufriedenheit wird als Minimalerfüllung angesehen (▶ **Tipp 10**) – jedenfalls vom Kunden aus betrachtet – und garantiert noch keine nachhaltige Kundenloyalität. Dass Sie und Ihre Mitarbeiter bis dahin schon eine Menge Investitionen getätigt haben, interessiert den Kunden dabei herzlich wenig. Zufriedenheit lediglich als Minimalerfüllung?

Hier ein Beispiel: Ich selbst bin mit meinem Fahrzeug und der dazugehörenden Werkstatt durchaus zufrieden. Es passt alles. Trotzdem versetzt es mir immer wieder einen Stich, wenn ich feststelle, was andere Werkstätten leisten. Zum Beispiel erhält einer meiner Bekannten bei seiner Werkstatt einen kostenlosen Leihwagen für den Tag der Inspektion. Ich müsste bezahlen und wähle stattdessen die Alternative, mit dem Notebook bewaffnet die Wartezeit in der Werkstatt zu verbringen; komfortabel zwar, aber trotzdem ... Ich bin zufrieden mit den ausgeführten Arbeiten, der Freundlichkeit des Meisters und dem kostenlosen Kaffee, aber begeistert bin ich nicht (▶▶ **Tipp 44, 45**). Und genau das ist der Punkt. Ich bin eben „nur“ zufrieden. Der Volksmund sagt: *„Zufriedenheit ist der* *schleichende Tod einer Beziehung.“* Wenn es nicht spannend ist und bleibt, kann es schon sein, dass man mal den Kopf hebt und sich umschaut, wie es denn anderswo in der Welt so zugeht. Wie in der persönlichen Partnerschaft so auch in der Beziehung zu Anbietern.

WAS UNTERNEHMEN SIE, UM DEM „SCHLEICHENDEN TOD“ DER NUR-ZUFRIEDENHEIT ENTGEGENZUWIRKEN; WIE BLEIBEN SIE SPANNEND FÜR IHRE GESCHÄFTSPARTNER?

Teil G Wie Sie Kunden reaktivieren

Tipp 51 Begreifen Sie Reklamationen und Kritik als Chance

Nutzen Sie die sich Ihnen bietende gewissermaßen kostenlose Unternehmensberatung

Zunächst einmal ist eine Reklamation natürlich ein Alarmsignal für höchsten Handlungsbedarf.

Aber mehr noch: Zusätzlich ist eine Beanstandung auch gewissermaßen eine kostenlose Unternehmensberatung durch den Kunden. Sie erfahren, an welchen Stellen im Unternehmen Sie noch wachsen können, wo Sie Kundenzufriedenheit oder Kundenbegeisterung noch nicht vollständig umgesetzt haben. Eine Beanstandung ist im Grunde ein gutes Zeichen. Ihr Kunde hat (noch) Interesse an Ihnen, er könnte sich auch die Mühe sparen und einfach wegbleiben.

Auch für Ihr Unternehmen gilt: Anstatt Reklamationen zu vermeiden oder unter den Teppich zu kehren, sollte man diese als Chance nutzen, um noch besser zu werden.

Verstehen Sie Reklamationen als
- kostenlose Unternehmensberatung,
- Frühwarnsystem sowie
- Chancen- und Ideenpool.

Der Kunde braucht eine Anlaufstelle, die ihn ernst nimmt

Wollen Sie diese Ressourcen nutzen, ist es wichtig, dass der Kunde keine Hemmungen hat, seinen Frust zu äußern und ihm dabei keine Steine in den Weg gelegt werden. Eine Stelle, an der Reklamationen und Beanstandungen freundlich aufgenommen und zügig bearbeitet werden, gibt dem Kunden das Gefühl, dass er ernst genommen wird und das verhindert, dass er negative Gefühle behält. Wenn dem Kunden sogar überraschend gut geholfen wird, kann aus Unzufriedenheit Begeisterung werden. Im Gegensatz dazu ist emotionale Kälte der zerstörende Faktor in der Beziehung zum Kunden.

Paradoxerweise geben nämlich gerade Reklamationen, Beanstandungen und Kritik dem Unternehmen gute Chancen, einen Kunden an sich zu binden. Was denken Sie: Wie hoch ist die Bindung Ihres Kunden an eine Leistung, die genau das erfüllt, wozu sie erworben wurde und keinen Anlass zur Unzufriedenheit bietet? Die Bindungsquote dümpelt irgendwo im Mittelfeld zwischen begeistert und unzufrieden. Anders ist dies seltsamerweise bei einer Leistung, die Anlass für eine Beschwerde liefert. Wird diese Beschwerde nämlich positiv und im Sinne einer partnerschaftlichen Kundenbeziehung bearbeitet, steigt die Bindungsquote des Kunden an das Unternehmen deutlich an – das Unternehmen hat gezeigt, dass es etwas zu leisten im Stande ist, dass es sich positiv um seine Kunden kümmert!

Im Sinne einer partnerschaftlichen Kundenbeziehung bewältigte Reklamationen erhöhen die Bindungsquote

Auch die Alltagserfahrung zeigt ja, dass etwas, das man sich erarbeitet, einem wertvoller erscheint als etwas, das einem in den Schoß fällt, und dass in konstruktivem Einvernehmen überstandene Schwierigkeiten Menschen zusammenschweißen.

Sie sehen, dass eine kundenorientierte Reklamationsbearbeitung sehr viel für Ihr Unternehmen leisten kann – mehr als wir gemeinhin annehmen.

NUTZEN SIE UND IHRE MITARBEITER DIE IN REKLAMATIONEN UND BEANSTANDUNGEN LIEGENDEN POTENZIALE ZUR LEISTUNGSVERBESSERUNG?

Tipp 52 Bringen Sie in Erfahrung, warum Sie Kunden verlieren

Verliert ein Unternehmen Kunden, so sind folgende Szenarien denkbar:

Ihr Kunde hat persönliche Gründe, Umzug, Positionswechsel, Geschäftsaufgabe etc.; daran können Sie nichts ändern und haben den Wechsel auch nicht zu verantworten.

Der Kunde ist unzufrieden mit dem gekauften Produkt, der gebotenen Dienstleistung oder dem geleisteten (oder eben nicht geleisteten) Service. Wenn die Gründe dafür nicht auf der Hand liegen, weil etwas offensichtlich schiefgelaufen ist, gilt es in Erfahrung zu bringen, welche Erwartungen der Kunde hatte, sodass es überhaupt zur Enttäuschung kommen konnte. Dies in erster Linie, um strukturelle Fehler in der Gestaltung des Service zu erkennen (▶ TIPP 51). Und natürlich auch, um zu erkennen, ob es möglich ist, den Kunden doch noch zufrieden zu stellen.

Die Schwierigkeit, die sich in diesem Zusammenhang darstellt, ist, dass nicht alle Kunden, die den Anbieter wechseln, auch tatsächlich bereit sind, Auskünfte zu geben. Oder Gründe angeben, die nicht zutreffen, weil sie z.B. nicht offen mitteilen wollen, dass ihnen der Verkäufer unsympathisch war.

Je wichtiger der Kunde für uns war, desto wertvoller sind wahrscheinlich die Informationen, die er uns geben könnte

Je wichtiger der Kunde für uns war (▶ **Tipp 59**), desto wertvoller sind wahrscheinlich die Informationen, die er uns geben könnte. Hier gilt es dann abzuwägen, ob es sich lohnt, zusätzliche Anreize zu bieten, beispielsweise eine kostenlose Nachbesserung, damit der Kunde uns doch noch Aufschluss über die Gründe für seine Unzufriedenheit gibt. Gehen Sie hier ruhig offensiv vor, schließlich haben Sie nichts zu verlieren. Sagen Sie Ihrem Kunden, dass Sie es bedauern, ihn zu verlieren und bitten Sie ihn – auch im Sinne Ihrer übrigen Kunden – Ihnen zu sagen, was er zu beanstanden hat.

Ein weiterer Grund, warum Sie Kunden verlieren, ist, dass der Kunde ein Konkurrenzangebot attraktiver findet. Dies kann die unterschiedlichsten Gründe haben (▶ **Tipp 67**). Auch hier gilt es, diese nach Möglichkeit in Erfahrung zu bringen, um die so gewonnenen Informationen in den zukünftigen Leistungserstellungsprozess einfließen zu lassen.

Kennen Sie die Gründe, warum Ihre Kunden zu Mitbewerbern wechseln?

Tipp 53 Geben Sie wichtige, abgewanderte Kunden nicht verloren

Die Hebel, mit denen ein Unternehmen Kunden zurückgewinnen kann, setzen naturgemäß bei den Gründen an, die den Kunden zum Wechsel bewogen haben (▶ **Tipp 52**). Sie gewinnen einen Kunden dann zurück, wenn er mit dem Wettbewerb unzufrieden ist oder es Ihnen gelingt, Ihr eigenes Angebot für ihn wieder attraktiver zu gestalten.

Verlorene Kunden wieder für sich zu gewinnen, ist ein zeitaufwändiger und langwieriger Prozess, bei dem ein erfolgsorientierter Verkäufer durchaus die Geduld verlieren kann. Erfahrungsgemäß behalten Menschen negative Erfahrungen länger als positive Erfahrungen und einmal verlorenes Vertrauen wieder aufzubauen (▶ **Tipp 37**), kostet viel Zeit und benötigt großes Fingerspitzengefühl und Verständnis für die Frustration des Kunden (▶ **Tipp 85**).

In der Regel wird man diesen Aufwand nur bei Kunden mit hohem Potenzial betreiben und ansonsten die Ressourcen besser in die Akquise neuer Kunden stecken (▶▶ **Tipp 32 bis 40**), bei denen man keine „Altlasten" bewältigen muss.

Wie viel Wert legen Sie auf die Rückgewinnung wichtiger Kunden?

Teil H Welches Marketing Sie betreiben sollten

Tipp 54 Verstehen Sie Marketing als notwendige Investition, um Gewinne zu realisieren

Wer sollte Marketing betreiben? Die kurze Antwort: Jeder, der ein Produkt, eine Dienstleistung oder eine Idee in einem Markt platzieren möchte. Und zwar nicht erst dann, wenn er glaubt, genügend Gewinn zu machen, um Geld dafür zu haben, sondern umgekehrt ist Marketing in Zeiten gesättigter Märkte und hohen Konkurrenzdrucks eine notwendige Investition, um überhaupt erst Gewinne realisieren zu können.

Marketing ist eine notwendige Investition, um überhaupt erst Gewinne realisieren zu können

Für unsere Zwecke, nämlich die Erzeugung von Kundenbindung, vereinfacht dargestellt, ist MARKETING die Form von Kundenkommunikation, die im Unterschied zum PERSÖNLICHEN VERKAUF (▶▶ **TIPP 80 BIS 99**) keine individuelle Rückmeldung der Zielpersonen zulässt.

Die vier Säulen des Marketingmix

Die moderne Betriebswirtschaftslehre propagiert den so genannten MARKETINGMIX. Der Marketingmix ist die konkrete Umsetzung einer bestimmten Marktbearbeitungsstrategie und ruht auf folgenden vier Säulen:

- Die PRODUKTPOLITIK beschäftigt sich mit allen Gedanken rund um die Produkte oder Dienstleistungen, die das jeweilige Angebot ausmachen.
- Die PREISPOLITIK definiert Preise, Rabattstaffeln sowie Liefer- und Zahlungsbedingungen.
- Die DISTRIBUTIONSPOLITIK beschreibt alle logistischen Prozesse, von der Lagerung über die Verteilung bis hin zum POS (Point of Sale).
- Und die KOMMUNIKATIONSPOLITIK schließlich hat die Aufgabe, sich um Werbung, Verkaufsförderung, Öffentlichkeitsarbeit, Sponsoring, Messen, Veranstaltungen und den persönlichen Verkauf zu kümmern.

Ihr Unternehmen sollte ein einzigartiges, unverwechselbares Gesicht bekommen

Sämtliche dieser Punkte sind für Ihre Kundenbindung bedeutsam. In der Summe aller entsprechenden Maßnahmen sollte Ihr Unternehmen letztlich ein einzigartiges und unverwechselbares Gesicht bekommen (▶▶ **TIPP 55, 73, 76**), das Ihre Kunden immer wiedererkennen und dem sie vertrauen können (▶ **TIPP 37**).

Dies zu erreichen gibt es kein Patentrezept. In Anbetracht des Marktes, des Wettbewerbs und Ihrer Kundenstruktur müssen Sie entscheiden, ob Sie Ihre Kunden über eine einzigartige Produktwelt, eine bestimmte Preispolitik (Premium-, Niedrigpreisangebot etc.), ein spezielles Vertriebssystem (Ladenverkauf, Internetgeschäft, Kunden verkaufen an Kunden etc.) oder ein besonderes Image an sich binden wollen.

SETZEN SIE IHRE MARKETINGINSTRUMENTE ANGEBOTSZENTRIERT ODER KUNDENORIENTIERT EIN?

Tipp 55 Corporate Identity – Werden Sie zur Marke

Marketing ist gewissermaßen der Leuchtturm, der Ihren Kunden sagt, dass es Sie gibt.

Eine einheitliche und unverwechselbare Unternehmensidentität ausbilden

Damit über diese Botschaft Kundenbindung entstehen kann, müssen Sie eine einheitliche und unverwechselbare Unternehmensidentität ausbilden; neudeutsch nennt man das auch CORPORATE IDENTITY.

Das „unverwechselbare und einheitliche Gesicht" eines Unternehmens umfasst folgende Bestandteile:

- CORPORATE DESIGN: Firmenlogo, bestimmte Unternehmensfarben, entsprechend gestaltete Visitenkarten, einheitlicher Schrifttyp in allen Briefen, Mails, Prospekten etc., Kleidung der Mitarbeiter, Design und Einrichtung der Räume, Aussehen der Firmenfahrzeuge, bis hin zu konkreten Vorgaben, wie unternehmenseigene PowerPoint-Präsentationen auszusehen haben.
- CORPORATE COMMUNICATION: Vom Werbeslogan bis zum Text auf dem Anrufbeantworter sollte die gesamte Unternehmenskommunikation aufeinander abgestimmt sein. Wichtig ist, dass sich Aussagen nicht widersprechen, die Werbung beispielsweise Versprechen macht, die die Produktion nicht einhalten kann.
- CORPORATE BEHAVIOUR: Letztlich sollte auch das Verhalten aller Mitarbeiter der Unternehmensidentität entsprechen. Selbst Mitarbeiter, die nicht in Kundenkontakt stehen, können hier durch negatives Verhalten oder entsprechende Äußerungen großen Schaden anrichten.

Unternehmen, denen es gelingt, sich hier ihren Kunden gegenüber wirkungsvoll und dauerhaft zu profilieren, werden zur Marke.

Auch Mittelständler und kleine Unternehmen können zur Marke werden

Es ist ein weit verbreiteter Irrtum zu glauben, dass Markenambitionen nur etwas für Weltkonzerne und große Unternehmen sind. Auch Mittelständler und kleine Unternehmen können auf ihrem Markt zur regionalen Marke werden, ja selbst einzelne Personen können sich mit entsprechenden Attributen als Marke profilieren.

Der Vorteil von Marken für die Kundenbindung? Bindung erfordert Vertrauen (▶ **TIPP 37**). Und man bindet sich nur an das, was man (wiederer-)kennt (▶ **TIPP 49**) und das glaubhaft auftritt.

Das Image anerkannter und gut eingeführter Marken und Trendartikel (▶ **TIPP 66**) ist dabei so positiv aufgeladen, dass die Kunden ihnen gewissermaßen blind vertrauen und kaufen, ohne die Vor- und Nachteile eines Angebots im Detail zu prüfen.

SIND SIE EINER UNTER VIELEN ODER SIND SIE IN IHREM MARKT EINE UNVERWECHSELBARE UND EINZIGARTIGE MARKE?

Tipp 56 Customer Relationship Management – Halten Sie Ihre Kundenkontakte

Überblick über die laufenden und in Zukunft notwendigen Aktivitäten behalten

Ab einer gewissen Anzahl von Kunden verliert man den Überblick über die laufenden und in Zukunft notwendigen Aktivitäten. Hier fällt dann das Stichwort CRM – CUSTOMER RELATIONSHIP MANAGEMENT.

Früher wurde die Kundenverwaltung mit Karteikarten organisiert. Jeder hatte da ein mehr oder weniger ausgefeiltes System für sich kreiert, Karteikarten mit bunten Reitern bestückt, Wiedervorlagemappen in unterschiedlichen Zeithorizonten geordnet oder einfach den berüchtigten „Zettelkasten“ auf dem Schreibtisch, aus dem wie von Zauberhand plötzlich wieder Namen auftauchten, die es erneut zu kontaktieren galt.

Der moderne Verkauf geht da natürlich etwas anders vor: Heute erledigt die Kundenverwaltung eine ausgeklügelte CRM-Software. Diese Software sollte aber lediglich Hilfsmittel für die Planung und Steuerung motivierter und qualifizierter Kontakte sein und sich nicht – wie vielfach zu beobachten – zum Selbstzweck aufblähen.

Welche Blüten es treibt, wenn in Form von so genannter Data Mining in allen möglichen Datenbanken oder bei Adressanbietern nach Kundendaten „geschürft" wird, die dann rein softwaregesteuert kontaktiert werden, zeigt sich immer dann, wenn man wieder einmal völlig unmotiviert Werbung von Anbietern bekommt, mit denen man entweder niemals zu tun hatte oder wo der letzte Kontakt Jahrzehnte zurückliegt.

Nicht die Masse abzuarbeitender Kontakte zählt, sondern das Pflegen qualifizierter Kontakte

Entscheidend ist hier aber nicht die Masse an Daten, sondern wie konsequent und kundenorientiert der Verkäufer die durch die Software angestoßenen Impulse nacharbeitet. Die entsprechenden Aktivitäten haben unterschiedliche Qualitäten: Von *„Mal wieder kontaktieren"* bis hin zu *„Kaufentscheidung herbeiführen"* reicht die Spanne.

Und an dieser Stelle scheidet sich sehr schnell die Spreu vom Weizen. Vielfach erschöpft sich ein Großteil der Arbeit von Verkaufsführungskräften darin, ihre Verkäufer an die „Abarbeitung" der Impulse zu erinnern (▶ **Tipp 33**).

Vor Kurzem hörten wir einen Verkäufer sagen: *„So ein Quatsch! Was diese Software mit großem Aufwand zu Stande bringt, das hat ein guter Verkäufer wie ich im Gefühl!"* – Wir wünschten, wir könnten uns diesem Ausspruch vollen Herzens anschließen. Allein, die Realität sieht leider etwas anders aus.

Sich in Erinnerung zu bringen, kostet deutlich weniger als die Akquise eines Neukunden

Für Sie als Führungskraft ist es entscheidend, dass Ihre Verkäufer alle Kontakte immer wieder nach- und weiterbearbeiten. Ob mit Software oder ohne, ob zentral gesteuert oder in der Hand jedes Einzelnen liegend: Die bereits in einen Kontakt investierte Zeit sollte nicht verloren sein. Es kostet so wenig, das Unternehmen, sich selbst oder das Angebot immer wieder einmal in Erinnerung zu bringen. Deutlich weniger als die Akquise eines Neukunden!

Setzen Sie immer wieder an der Situation und am Bedarf der Kunden orientierte Impulse oder arbeiten Sie lediglich Kontakte ab?

Tipp 57 Potenzieren Sie Vertrauen mit Empfehlungen

„Kunde" kommt von „künden". Man könnte es also so sehen: Ein Kunde ist erst dann ein Kunde, wenn er auch vom Unternehmen kündet – also wenn er Empfehlungen gibt.

Empfehlungen sind das Mittel der Wahl, um zusätzlich Kunden zu gewinnen oder um den eigenen Namen noch besser ins Gespräch zu bringen, letztlich um Umsatz zu erwirtschaften. Empfehlungen sind wohl das einzige kostenfreie Marketinginstrument, das zur Verfügung steht. Es erreicht zwar keine millionenfache Ansprache im Markt, realisiert aber eine gezielte und darum sehr wertvolle Information über einen einzelnen potenziellen Interessenten, zu dem Sie überdies eine Art Eintrittskarte erhalten haben.

Wir wissen alle, wie schwierig es ist, potenzielle Interessenten davon zu überzeugen, bei uns zu kaufen. Wir kennen auch die Gründe dafür, dass sich Menschen meist viel Zeit lassen, bevor sie das erste Mal einen Auftrag vergeben. Meist ist es das nicht genügend gefestigte Vertrauen in die Aussagen des Verkäufers, das den Kunden zögern lässt. Und genau an dieser Stelle können uns Empfehlungen weiterhelfen.

Wenn Sie einen Ihrer Kunden dazu bringen können, dass er Ihnen eine Empfehlung gibt (▶ **TIPP 98**), haben Sie dreierlei Vorteile davon.

- Erstens kennen Sie genau die Zielperson im Unternehmen und müssen sich nicht erst noch mühsam durchfragen.
- Zweitens fällt der Gesprächseinstieg leicht, weil Sie sich auf Ihren Empfehlungsgeber berufen können (*Herr Neumann nannte mir Ihren Namen ...*).
- Drittens haben Sie durch die Empfehlung in den meisten Fällen einen großen Vertrauensvorschuss erhalten. Denn Ihr Empfehlungsgeber hätte Sie ja nicht empfohlen, wenn Sie nicht zuverlässig und vertrauenswürdig (des Vertrauens würdig!) wären.

Wer mit Empfehlungen arbeitet, profitiert vom Vertrauensvorschuss

WIE STARK NUTZEN SIE DIE MÖGLICHKEIT, IM KONTAKT MIT KUNDEN AN EMPFEHLUNGEN ZU KOMMEN?

Tipp 58 Orientieren Sie sich anhand einer Kundentypologie

Um Kundenbindung zu erreichen, ist es erforderlich, Kunden da abzuholen, wo sie stehen. Um zu erkennen, wie Ihre Kunden „gestrickt" sind, können Kundentypologien hilfreich sein. Bei genauer Betrachtung müssen wir natürlich sagen, dass es letztlich genauso viele Kundentypen wie Menschen gibt. Dennoch bieten derartige Modelle eine erste Orientierung für die Einstellung auf sowie den Umgang mit Kunden.

Erste Orientierung für den Umgang mit Kunden

Im Folgenden haben wir ein einfaches Modell gewählt, das die grundlegenden Verhaltensdimensionen „fakten-" und „gefühlsbetont" sowie „fragend" und „behauptend" in Beziehung zueinander setzt. Daraus ergibt sich eine Matrix mit vier unterschiedlichen Verhaltensstilen.

Jeder Mensch geht grundsätzlich davon aus, dass sein Gegenüber genau so gestrickt ist, wie er selbst. Das bedeutet, dass wir in der Regel dasjenige Verhalten an den Tag legen, das wir selbst als für uns angemessen empfinden. Das folgende Modell kann also Wegweiser sein, die egozentrische Sichtweise zu verlassen und sich besser auf den Kunden einzustellen: nämlich das Verhalten des Kunden zu verstehen und die eigene Verhaltensweise daran anzupassen.

Die egozentrische Sichtweise verlassen und sich besser auf den Kunden einstellen

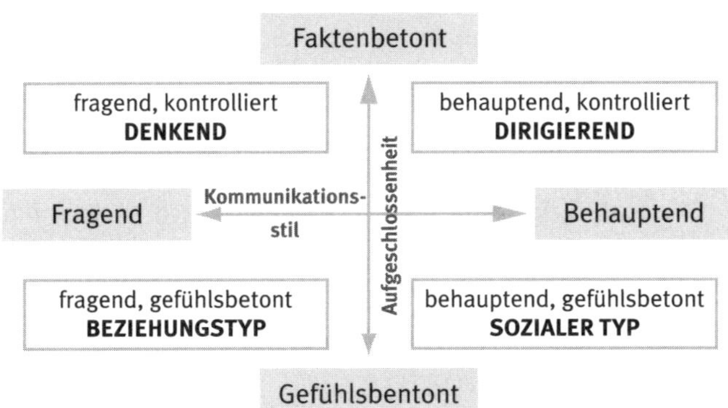

Abb. 8: Eine mögliche Kundentypologie

Denkender Typ

Typische Charaktereigenschaften des denkenden Typs:
- Begegnet neuen Produkten eventuell mit Skepsis.
- Wechselt nicht leicht zu neuen Anbietern.
- Meistens nicht sehr gesprächig.
- Nicht sehr innovativ – wird nicht bereitwillig neue und innovative Technologien ausprobieren.

Empfohlener Kommunikationssansatz:
- Benötigt sehr viele „Beweise“, Hintergrundinformationen und geprüfte Resultate, bevor er sich für einen Kauf entscheidet. Braucht Zeit, genaue Details und Fakten, bevor er zum nächsten Schritt übergeht.
- Produktpräsentationen sollten mit Empfehlungen oder ausführlichen Informationen aus der Forschung untermauert sein.
- Empfehlungen von anderen funktionieren hervorragend, sollten jedoch von einem ähnlich orientierten Menschen stammen, da die Argumente sonst nicht überzeugen.
- Keine Eile spüren lassen. Keine Zeit auf Smalltalk verwenden. Mit vielen Fakten und Zahlen direkt zur Sache kommen. Sicherstellen, dass alle Fragen beantwortet werden.

Dirigierender Typ

Typische Charaktereigenschaften des dirigierenden Typs:
- Interessiert sich intensiv für neue Produkte und Innovationen.
- Verfügt zumeist über ein sehr ausgeprägtes Ego.
- Will keine Zeit verschwenden.

Empfohlener Kommunikationssansatz:
- Keine Zeit verschwenden. Die wichtigen Punkte hervorheben und zum Wesentlichen kommen.
- Unternehmen und Produkt müssen glaubwürdig erscheinen.
- Eventuell nicht leicht dazu zu bewegen, sich von seinem aktuellen, vertrauten Anbieter zu lösen. Wenn er jedoch einmal gewechselt hat, bleibt er ausgesprochen loyal, solange er mit dem Service zufrieden ist.
- Hat kein Interesse an vielen Empfehlungen, Untersuchungsergebnissen, Daten etc.
- Lässt sich durch effizientes, direktes Auftreten beeindrucken.

- Fokus auf Innovationen und Neues legen.
- Präzises und professionelles Vorgehen. Keine Zeit auf „Nettigkeiten“ verschwenden.

Beziehungsorientierter Typ

Typische Charaktereigenschaften:

- Ist möglicherweise etwas scheu, möchte jedoch freundlich sein.
- Nicht so skeptisch wie der Denker, aber dennoch sehr zurückhaltend, was den Anbieterwechsel angeht.
- Arbeitet oft hart und legt mehr Wert auf andere Dinge als die äußere Erscheinung.
- Muss dem Verkäufer vertrauen können.
- Nicht „innovativ“. Bevorzugt überprüfte traditionelle Konzepte.
- Oft familienorientiert.

Empfohlener Kommunikationssansatz:

- Gespräch sollte langsam und mit Leichtigkeit gestaltet sein.
- Ausführliches „Beweismaterial“ und Statistiken zur Verfügung stellen.
- Smalltalk.
- Erfordert möglicherweise zusätzliche Referenz-Besuche, bevor das Geschäft abgeschlossen werden kann.
- Zertifizierte Produkte hervorheben.
- Gewinnung von Vertrauen durch Fakten und Zahlen.
- Regelmäßige Kontaktpflege.
- Sicherstellen, dass alle Fragen erschöpfend beantwortet werden.

Sozial orientierter Typ

Typische Charaktereigenschaften:

- Oft freundlich und aufgeschlossen sowie Neigung, sich zu unterhalten und eine Verbindung zum Gesprächspartner aufzubauen, statt sich mit Details auseinanderzusetzen. Freut sich über den Kontakt mit Verkäufern: wird bereitwillig Witze und Geschichten austauschen.
- Wird keinen großen Wert darauf legen, Geschäfte ausführlich zu diskutieren, bevorzugt stattdessen, über andere Dinge zu sprechen. Probiert gerne neue und innovative Produkte aus.

Empfohlener Kommunikationssansatz:

- Auf ausführliche Produktdetails verzichten.
- Wird nach einer minimalen Präsentation bereitwillig kaufen. (Vorsicht: Die Konkurrenz ist im Beziehungsaufbau eventuell genauso gut.)
- Nur die wichtigsten Punkte ansprechen.
- Über innovative Produkte sprechen.
- Fokus auf Beziehungsaufbau legen.

Wenn Sie an Ihren wichtigsten Kunden denken: Zu welchem Typ würden Sie ihn zuordnen – und behandeln Sie ihn auch „richtig“?

Tipp 59 Das A-B-C-Modell: Segmentieren Sie Ihre Kunden nach Ihrem Umsatz

Verteilen Sie Ihre Aufmerksamkeit nicht gleichmäßig mit der Gießkanne

Wenn Sie die Aufmerksamkeit, die Sie Ihren Kunden widmen, gewissermaßen gleichmäßig mit der Gießkanne streuen, laufen Sie Gefahr, zu viel Zeit und Engagement auf unwichtige Kunden zu verwenden und wichtige Kunden zu vernachlässigen. Das ist nicht nur unwirtschaftlich, sondern letztlich auch wenig kundenorientiert. Es ist also sinnvoll, diesen Aufwand zu steuern und Ihre Kunden zu bewerten. Das hier naheliegende Kriterium ist der Umsatz, den Ihre Kunden machen. Die klassische Einteilung ist das A-B-C-Modell.

- A-Kunden sind die hauptsächlichen Umsatzträger und mit oberster Priorität zu betreuen.
- B-Kunden liegen in der Mitte – sie bringen schon Umsatz ins Unternehmen, aber nicht so viel und nicht so regelmäßig.
- C-Kunden (▶ **Tipp 62**) sollten nicht in sämtliche Maßnahmen eingebunden werden, da sie nur wenig Umsatz einbringen.

In wahrscheinlich jeder CRM-Datenbank (▶ **Tipp 56**) können Sie diese Segmentierung so vornehmen. Meist wird sie dazu genutzt, im Rahmen von Mailingaktionen (▶ **Tipp 36**) den Adressen unterschiedliche Texte zuzuordnen und so Kundengruppen mit unterschiedlichen Inhalten zu bedienen oder um zu steuern, dass bei manchen Kunden telefonisch nachgefasst wird und bei anderen nicht. Dosieren und gewichten Sie Ihren Aufwand gezielt: Beispielsweise werden alle A-Kunden zum

Sommerfest eingeladen oder alle C-Kunden werden einmal im Quartal durch ein Call-Center auf Bestellungen hin abgecheckt.

Selbstverständlich lässt sich eine solche Segmentierung noch verfeinern, indem Sie nicht drei, sondern vielleicht fünf Ebenen einziehen und so noch gezielter auf Ihre Kunden eingehen können; z.B. erhalten alle A-Kunden eine Information durch ein persönliches Telefonat des entsprechenden Key-Accounters, alle B-Kunden über einen personalisierten von Hand unterschriebenen Brief, alle C-Kunden über eine Drucksache, alle D-Kunden per Mail, alle E-Kunden gar nicht.

ARBEITEN SIE MIT DER GIESSKANNE ODER DOSIEREN SIE IHREN BETREUUNGSAUFWAND GEZIELT?

Tipp 60 Bewerten Sie Ihre Kunden nach ihrem Potenzial

Eine eindimensionale Betrachtung und Bewertung der Kunden lediglich nach Ihrem Umsatz (▶ **TIPP 59**) greift vielfach zu kurz. Wenn Sie zum Beispiel Autoreifen verkaufen und ein Kunde in Ihrer Region jedes Jahr für 10.000 Euro Winterreifen für seinen Fuhrpark kauft, dann ist das schon ein guter Kunde, vielleicht sogar ein A-Kunde. Aber einmal ehrlich: Wenn dieser Kunde jedes Jahr bei Ihnen die Winterreifen kauft, woher bezieht er dann seine Sommerreifen? Prinzipiell setzt dieser Kunde „lediglich" die Hälfte seines möglichen Aufwandes an Reifen bei Ihnen um, die andere Hälfte geht woanders hin.

Eine gute Kundenbetrachtung lebt also davon, dass auch nach dem verbleibenden Potenzial gefragt wird.

Eine gute Kundenbetrachtung fragt auch nach dem verbleibenden Potenzial

Potenzial			
hoch	C3	B3	A3
mittel	C2	B2	A2
niedrig	C1	B1	A1
	niedrig	mittel	hoch
			Umsatz

Abb. 9: Welches Potenzial haben Ihre Kunden?

Es ist klar, dass beispielsweise die drei A-Kunden ganz unterschiedliche Betreuungs- und Akquisitionsansätze (▶ Tipp 61) verdienen:

- Ein A1-Kunde bringt Ihnen richtig viel Umsatz und hat kaum noch weiteres Potenzial in Ihrer Branche; kauft also fast seinen gesamten Bedarf bei Ihnen. Hier geht es darum, die Mitbewerber weiter „draußen" zu halten.
- Ein A2-Kunde kauft sehr viel bei Ihnen, aber auch noch bei dem ein oder anderen Mitbewerber. Hier ist das Ziel, die verbleibenden Aufträge an Mitbewerber Stück für Stück selbst zu erobern.
- Ein A3-Kunde zählt auch zu den umsatzstärksten Kunden, hat aber noch enorm viel Potenzial; da sind noch viele Mitbewerber im Boot, die auch an diesen Kunden verkaufen. Hier geht es darum, überhaupt in den Fokus als möglicher Großlieferant zu kommen. Wahrscheinlich ist der Kunde zwar eine große Nummer für Sie, Sie sind aber nur eine kleine Nummer für den Kunden! Und das gilt es zu ändern.

Sie sehen: Nicht jeder A-Kunde kann mit der gleichen Betreuungsstrategie weiter an Ihr Unternehmen gebunden werden. Das Gleiche gilt selbstverständlich für die B- und C-Kunden.

Mit welchen unterschiedlichen Betreuungs- und Akquisitionsstrategien gehen Sie an Ihre Kunden heran, um noch mehr Potenzial zu erschliessen?

Tipp 61 Bestimmen Sie Ihren Aufwand nach dem Potenzial des Kunden

Kundenorientierung nicht um jeden Preis

Ihnen stehen nur begrenzte Ressourcen zur Verfügung. Wer Kundenorientierung um jeden Preis betreibt und sämtlichen Kunden die gleiche Aufmerksamkeit zukommen lässt, läuft Gefahr, sich zu verzetteln. Ein Verkaufsprofi analysiert daher seine Kundensegmente und entscheidet je nach Attraktivität darüber, welche Ressourcen er jeweils investiert.

Dabei wird er den Fokus seiner Bemühungen verstärkt auf diejenigen Kunden richten, bei denen noch großes Potenzial zu erschließen ist, und den anderen Kunden so viel Aufmerksamkeit schenken, dass gute und belastbare Kundenbeziehungen erhalten bleiben.

So sind Gespräche mit HALTEKUNDEN (Umsatz niedrig bis mittel, Potenzial niedrig) selbstverständlich wichtig und sollten auch geführt werden, sind aber gewissermaßen „Kaffeegespräche“: Es gibt nicht mehr viel zu bewegen, es ist nicht mehr viel Platz nach oben. Hier sollten soziale Kontakte gepflegt werden, damit Mitbewerber nicht eindringen können.

1 FOKUS- und AUSBAUKUNDEN haben bei niedrigem und mittlerem Umsatz das höchste Potenzial. Hier kann sich verstärkter Betreuungsaufwand lohnen. AKQUISEKUNDEN, also die Kunden in der ersten Spalte von Abb. 10, kaufen (noch) nicht bei Ihnen. Hier liegt der größte Aufwand. Aus naheliegenden Gründen sind Akquisitionen mit hohem Potenzial attraktiver als solche mit geringem Potenzial.

Fokus- und Ausbaukunden haben bei niedrigem und mittlerem Umsatz das höchste Potenzial

2 AUFBAUKUNDEN (niedriger bis mittlerer Umsatz, mittleres Potenzial) erfordern dosierte Aufmerksamkeit.

3 VIP- und BETREUUNGSKUNDEN (bereits hoher Umsatz und hohes bzw. mittleres Potenzial) erzeugen vielfach den Eindruck, als wären sie die wichtigsten Kunden. In der Regel gibt es aber einen guten Grund dafür, dass Sie nur recht wenig oder durchschnittlich in die entsprechenden Unternehmen hineinverkaufen. Vielleicht verteilt Ihr Kunde den Kuchen auch ganz bewusst an unterschiedliche Lieferanten. Vielleicht würde auch das Risiko, beispielsweise von Zahlungsausfällen, für Ihr eigenes Unternehmen ungleich größer, wenn Sie mehr an einen bestimmten Partner liefern würden ... Hier gilt es genau auszuloten, wo die Vor- und Nachteile liegen und dann eine individuelle Strategie für jeden Kunden zu definieren.

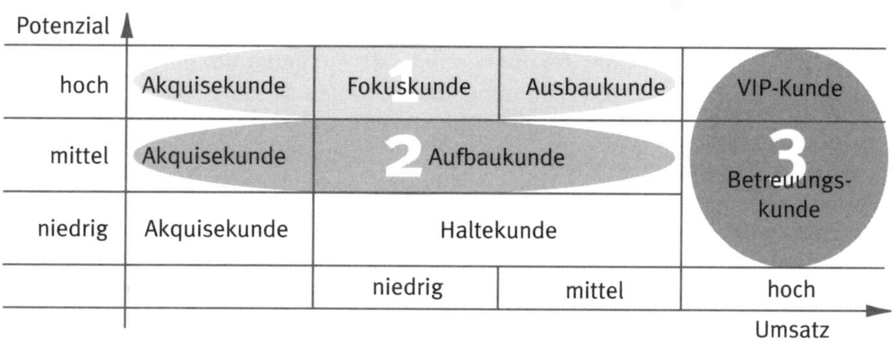

Abb. 10: Welchen Betreuungsaufwand rechtfertigen welche Kunden?

Wie viel Zeit verbringen Sie aktuell mit Ihren wichtigsten Zielgruppen? – Und wie viel Zeit sollte es eigentlich sein?

Tipp 62 Auch C-Kunden können interessant sein

C-Kunden mit hohem Potenzial können den Aufwand lohnen

C-Kunden mit (noch) niedrigem Umsatz (▸▸ **Tipp 59, 60**) werden in der Regel stiefmütterlich behandelt. Vielfach zu Unrecht, wie wir finden. Denn auch hier kann hohes Potenzial liegen, das sich zu erschließen lohnt.

- C1-Kunden sind so genannte Haltekunden (siehe Abb. 10). Dort gilt es, einfach darauf zu achten, dass nichts „anbrennt". Immer einmal wieder mit Informationen versorgen; je nach Branche, in der Sie tätig sind, ein Vertreterbesuch pro Jahr und ansonsten auf Anforderungen, dann aber gut(!), reagieren. Die C1-Kunden unterscheiden sich übrigens in der Strategie nicht von den B1-Kunden.
- C2-Kunden sind so genannte Aufbaukunden. Sie sollten deutlich mehr Betreuung als C1-Kunden erfahren, denn es geht hier ja noch darum, die restlichen Mitbewerber aus dem Feld zu schlagen. Aus der Sicht des Profi-Akquisiteurs ist dies die zweitwichtigste Zielgruppe! Sie können hier mit wenig Aufwand viel erreichen. Auch hier unterscheiden sich die B2-Kunden kaum von den C2-Kunden.
- C3-Kunden sind Fokuskunden. Da hier noch eine Menge Potenzial steckt, lohnt sich die Investition von Zeit und Arbeit. Mit wenig Mühe können Sie hier einen hohen Umsatzgewinn erzielen. Deshalb gehören C3-Kunden (gemeinsam mit den B3-Kunden, den Ausbaukunden) zu der wichtigsten Zielgruppe für einen Akquisiteur.

Wenn Sie diese Kundensegmente einmal mit den realen Namen Ihrer Kunden füllen, kann es sein, dass Sie sich enorm erschrecken. Die Tatsache, dass Ihnen der Name so manches A1-Kunden geläufiger ist als der des einen oder anderen C3-Kunden, sollte Ihnen dann schon einmal zu denken geben!

Welche C-Kunden haben Sie in der Vergangenheit zu Unrecht „links liegen" gelassen?

Tipp 63 Ermitteln Sie die Stärken und Schwächen Ihrer Kundenorientierung

Welche Stärken und Schwächen haben Ihre Maßnahmen zur Kundenorientierung? Ein Mittel der Wahl, das herauszufinden ist die so genannte SWOT-ANALYSE, die vielseitig und universell einsetzbar ist, sowohl bei Makro- als auch bei Mikrobetrachtungen genutzt werden kann und trotz ihrer Einfachheit auch komplexere Zusammenhänge analysieren hilft.

SWOT kommt aus dem Englischen und steht für:

Strengths – Stärken	**W**eaknesses – Schwächen
Opportunities – Chancen	**T**hreats – Bedrohungen

Abb. 11: Die SWOT-Analyse stellt positive und negative Aspekte gegenüber

In jeden der vier Quadranten werden gemäß der Themenstellung entsprechende Beobachtungen, Inhalte und Thesen aufgelistet, wobei den positiven Aspekten in der linken Spalte die negativen in der rechten Spalte gegenübergestellt werden. Während in den beiden oberen Quadranten eher die internen Gegebenheiten erfasst werden (beispielsweise: *„Wie sind wir in Sachen Kundenbindung aufgestellt?“*), werden in den beiden unteren Quadranten die externen Bedingungen analysiert (beispielsweise: *„Welchen positiven oder negativen Wechselwirkungen unterliegen unsere Maßnahmen zur Kundenbindung am Markt?“*).

Interne Gegebenheiten in Bezug auf die Umfeldfaktoren beurteilen

Sie sehen schon bei dieser ersten Betrachtung, dass durch diese Vorgehensweise ein relativ weites Feld abgedeckt werden kann.

Machen Sie doch gemeinsam mit Ihren Mitarbeitern im Service einmal eine SWOT-Analyse zu dem Thema *„Einführung einer Kundenkarte für Stammkunden“* oder mit Ihren Verkäufern im Außendienst zu dem Thema *„Steigerung des Besuchsschnitts von fünf auf sechs Besuche pro Tag“*. Sie werden erleben, wie engagiert und vor allen Dingen mit welchen innovativen Einfällen und wertvollen Beobachtungen Ihre Mitarbeiter an die Themen herangehen werden.

Welches Kundenbindungsproblem möchten Sie mithilfe der SWOT-Analyse einmal durchdenken?

Tipp 64 Argumentieren Sie rational und sprechen Sie gleichzeitig Emotionen an

Viele Kaufentscheidungen finden nicht auf der rationalen, sondern der emotionalen Ebene statt. Dies gilt sowohl für Konsumgüter als auch für Entscheidungen für größere Investitionen in Unternehmen, die oft von mehreren Personen getroffen werden (z.B. einem Einkaufsgremium). Selbst wenn die Gründe für einen Kauf auf den ersten Blick sehr rational erscheinen, lässt sich bei genauerer Betrachtung doch feststellen, dass Emotionen eine weitaus größere Rolle spielen (beispielsweise eine stärkere Sympathie zu einem Verkäufer als zu einem anderen), als man gemeinhin annimmt.

Nur 70 Prozent der Prozesse, die zu einer Kaufentscheidung führen, finden bewusst statt

Hans-Georg Häusel stellt in seinem Buch „Brain Script“ detailliert dar, dass die letztlich kaufentscheidenden Faktoren unsere Emotionen sind. So finden 70 Prozent der Prozesse, die zu einer Kaufentscheidung führen, unbewusst statt und nur 30 Prozent bewusst.

Wie wir täglich beobachten können, macht sich die Werbung diesen Umstand zu Nutze. Komplexität und hohe Anschaffungskosten beispielsweise eines Autos setzen bei einem potenziellen Kunden eine hohe Bereitschaft voraus, sich möglichst objektiv zu informieren und seine Kaufentscheidung auf der Basis rationaler Argumente zu treffen. In Wahrheit ist die Entscheidung für ein bestimmtes Auto jedoch sehr stark von Emotionen beeinflusst.

Emotionale Entscheidungen werden im Nachhinein rationalisiert

Dass diese emotionalen Entscheidungen von den Entscheidern in der Regel im Nachhinein rationalisiert werden, fasst Häusel in folgender Kurzformel zusammen: *„Rationale Entscheidungen sind immer emotionale Entscheidungen mit positiven Konsequenzen. Irrationale Entscheidungen sind* *ebenfalls immer emotionale Entscheidungen, allerdings mit schädlichen Konsequenzen."*

Welche Konsequenzen hat dieser Sachverhalt nun für Ihre Kundenbindungsstrategien?

Kundenbegeisterung entsteht letztlich nicht über die Ansprache und Erfüllung rationaler Argumente und Ansprüche, sondern über Emotionen (▶▶ **TIPP 10, 25, 44, 45**). Um beim Beispiel Auto zu bleiben: Zufriedenheit löst vielleicht das rationale Argument eines geringen Kraftstoffverbrauchs aus. Begeisterung entsteht aber dadurch, dass der Verkäufer es dem Kunden ermöglichen konnte, sein neues Auto in einer bestimmten Sonderfarbe lackiert zu bekommen.

Natürlich will niemand gerne akzeptieren und vor sich und anderen zugeben, lediglich über Emotionen gesteuert (z.B. im Falle von Investitionsgütern) wichtige und folgenreiche Entscheidungen getroffen zu haben. Liefern Sie Ihren Kunden also genügend rationale Argumente für einen Kauf.

Aber wecken Sie und sprechen Sie immer auch emotionale Motive an, um gewissermaßen noch das Sahnehäubchen an Begeisterung daraufsetzen zu können.

WELCHE EMOTIONEN KÖNNEN SIE ZUSÄTZLICH UND NEBEN IHRER RATIONALEN KAUFARGUMENTATION ANSPRECHEN?

Tipp 65 Spontankäufe beleben eingefahrene Kauf- und Serviceroutinen

Der Spontankauf (▶ **TIPP 7**), auch Impuls- oder Reizkauf genannt, ist ein Kaufverhalten, das einem plötzlichen Impuls folgt. Die Entscheidung scheint dabei unüberlegt zu sein, ist dies jedoch tatsächlich nicht: Der Kunde durchläuft die gleichen Phasen wie bei einem geplanten Kauf, nur ist die dafür in Anspruch genommene Zeit auf ein Minimum reduziert.

Spontankäufe werden in der Regel im Endkundenbereich (B2C) und Einzelhandel angetroffen. Im Geschäftskundenbereich (B2B) sind sie dagegen eher die Ausnahme, da (kostenintensive) Kaufentscheidungen in der Regel geplant und von mehreren Personen getroffen werden.

Je höher der Preis eines Produktes oder einer Dienstleistung, desto größer ist das Risiko für den Kunden, sich falsch zu entscheiden. Folglich kommt es meistens nur dann zu Spontankäufen, wenn die Preise für den Kunden unterhalb einer persönlichen Preisschwelle liegen. Gerade Sonderangebote können daher den Reiz für einen Spontankauf auslösen, was bei Aktionsware leicht zu beobachten ist.

Immer mehr Kaufentscheidungen werden direkt am POS (Point of Sale) getroffen. Deshalb kann auch die Positionierung eines Produktes im Verkaufsraum oder im Verkaufsregal (z.B. Süßigkeiten im Kassenbereich von Supermärkten, Kiosken oder Tankstellen) Spontankäufe fördern.

Charakteristisch für den Spontankauf ist, dass er durch Emotionen geleitet wird (▶ **Tipp 64**). Daher kommt es immer dann zu Spontankäufen, wenn z.B. durch Farben, Musik oder Gerüche die Emotionen eines potenziellen Käufers angesprochen werden. Da Überraschungen und die Erzeugung positiver Emotionen Kundenbegeisterung hervorrufen (▶▶ **Tipp 10, 25, 44, 45**), sind gerade Spontankäufe geeignet, um Kunden zu binden.

Als positive Unterbrechung einer Routine beleben Spontankäufe ein Kundenverhältnis

Spontankäufe erhöhen so nicht nur Ihren Umsatz, sondern unterbrechen auch die Service- und Einkaufsroutine und sind daher gut geeignet, ein Kundenverhältnis, das langweilig zu werden droht, positiv zu beleben.

Begeistern Sie Ihre Kunden hin und wieder mit der Gelegenheit zu überraschenden Spontankäufen?

Tipp 66 Werden Sie Trendsetter

Trendartikel sind die kleinen oder großen Produkte, die niemand wirklich zu benötigen scheint, die aber viele Menschen kaufen, weil sie „in“ sind. Kleidung, Mobiltelefone, technische Spielereien, (je nach Geldbeutel) Autos oder auch die Inanspruchnahme bestimmter Dienstleistungen können im Trend liegen. Die Anbieter appellieren an den Zeitgeist, nutzen die Bindung der Zielgruppe an ein spezielles Lebensgefühl oder eine soziale Gruppe, um das entsprechende Angebot umzusetzen.

Trends sprechen ein bestimmtes Lebensgefühl oder den Zeitgeist an

Da Trendartikel für ihre Käufer wie Markenangebote (▶ **Tipp 55**) emotional hoch aufgeladen sind, sind sie besonders dazu geeignet, Kundenbindung zu erzeugen. Möchte unser Kunde dazugehören oder sich dazugehörig fühlen, dann braucht er diesen Artikel.

Wie Markenangebote sind Trendartikel emotional hoch aufgeladen

Ein solches Produkt zu kreieren setzt voraus, die Gewohnheiten und das Lebensgefühl einer Zielgruppe genauestens zu kennen (▶ **Tipp 2**). Zielgruppen für entsprechende Angebote können sein: Jugendliche, Geschäftsleute, Fahrer von bestimmten Automarken, Menschen mit einem bestimmten Hobby usw. Die Zusammensetzung dieser Zielgruppe sollte möglichst homogen sein, das heißt, es sollte eine Eigenschaft oder ein Verhalten geben, das alle Personen miteinander teilen oder verbindet. Im Kern geht es dann darum, herauszufinden, wie und wodurch die Mitglieder der Zielgruppe ihr Lebensgefühl nach innen und außen dokumentieren und leben.

In diesem Sinne einen Trend zu setzen, bedarf natürlich einer gewaltigen Marketinganstrengung und ist daher in der Regel nur großen Unternehmen mit entsprechenden Ressourcen vorbehalten.

Aber auch als kleiner Anbieter haben Sie die Möglichkeit, einen schon bestehenden Trend für sich zu nutzen, ein entsprechendes Produkt weiterzuentwickeln oder um den Kern des Trends herum neue Angebote zu platzieren.

Bieten Sie eine Kommunikationsplattform für Trend-Zielgruppen

Wenn Sie dann noch zusätzlich im Internet eine Kommunikationsplattform in Form eines Forums, eines Chats oder eines spezifischen Portals anbieten, auf der sich die Anhänger eines Trends austauschen können, schaffen Sie echten Mehrwert und nachhaltige Kundenbindung.

Mit welchen Angeboten können Sie Trends setzen oder sich an bereits bestehende Trends „anhängen“?

Tipp 67 Gehen Sie auf die individuellen Kaufmotive Ihrer Kunden ein

Jede Kaufentscheidung ist ein unbewusstes Zusammenspiel unterschiedlicher Kaufmotive

Ganz unabhängig vom konkreten Bedarf an einem Produkt oder einer Dienstleistung (▶ **Tipp 6**) gibt es bei jeder einzelnen Kaufentscheidung ein unbewusstes Zusammenspiel unterschiedlicher Kaufmotive, die letzten Endes ausschlaggebend sind für die Kaufentscheidung. Wir listen im Folgenden die typischen Kaufmotive auf:

- GEWINN UND SPARSAMKEIT:
  Um diesem Motiv zu entsprechen, empfehlen wir hervorzuheben, wie günstig Ihr Angebot – auch im Vergleich zur Konkurrenz – ist (etwa ein Exklusivangebot).
- SPIELTRIEB UND EXPERIMENTIERFREUDE:
  Geben Sie Ihrem Kunden etwas in die Hand, das er ausprobieren, testen und verändern kann (Beispiel: Stoffe, neue Verpackungen).
- BEQUEMLICHKEIT:
  Bieten Sie ein umfassendes Servicepaket zu Ihrem Produkt an bzw. zeigen Sie auf, inwiefern Ihr Produkt diesem Anspruch gerecht wird. Verdeutlichen Sie, wie Sie dem Kunden das „Sich kümmern müssen" abnehmen (Beispiel: Liefer- und Montierservice).
- PRESTIGE UND SOZIALES ANSEHEN:
  Der Kunde sollte spüren, dass er etwas Besonderes ist und etwas Besonderes kauft (Beispiel: Sonderanfertigungen oder limitierte Auflagen). Dieses Motiv ist oft bereits schon durch das Branding der Marke abgedeckt.
- SICHERHEIT:
  Im Zentrum steht die Sicherheit, die Verletzungs- und Verlustrisiken ausschließt. Aber auch ausgeweitete Gewährleistungs- und Garantiezeiten für das Produkt sind hier angesprochen (Beispiel: Gütesiegel).
- GUTES GEWISSEN:
  Zeigen Sie soziales Engagement und verweisen Sie auf die Umweltfreundlichkeit Ihrer Produkte (Beispiel: CO_2 Neutralität).
- SELBSTVERWIRKLICHUNG:
  Viele Menschen wollen ihre Neigungen pflegen und sich persönlich entwickeln. Unterstützen Sie diesen Trend und zeigen Sie dem Kunden entsprechende Möglichkeiten (Beispiel: Persönlichkeitstests als Service).
- GENUSS:
  Weisen Sie den Kunden auf das Vergnügen hin, das er mit Ihrem Produkt haben wird (Beispiel: Kost-, Fahr- oder Hörproben).
- INFORMATION:
  Berichten Sie von der Entwicklungsgeschichte Ihres Produktes (Beispiel: Zeigen Sie den Technikfreaks das Innenleben Ihrer Produkte).

Nutzen Sie Ihre Kenntnisse der Kaufmotive, wo immer Sie mit Kunden in direktem Kontakt sind. Zum Beispiel auf Webseiten, im E-Mail-Marketing und im Direktmarketing. Denn Ihre Kunden interessiert nicht das Angebot als solches, sondern in erster Linie der persönliche Nutzen, den sie daraus ziehen können (▶▶ Tipp 6,19, 74, 75, 92). Und die Nutzenerwartung spiegelt sich letztlich in den individuellen Kaufmotiven.

Bauen Sie Ihre Nutzenargumentation auf den Kaufmotiven Ihrer Kunden auf

Da Sie bei einem noch unbekannten Gesprächspartner im Voraus nicht wissen können, welches Motiv ihn besonders stark beeinflusst, empfehlen wir, sich in Bezug auf Ihr Angebot gute Argumente zu überlegen, die die hier aufgeführten Motive ansprechen können. Im Verlauf des Kundengesprächs gilt es dann, diese Motive geschickt zu erfragen (▶ Tipp 85) und die Nutzenargumentation (▶ Tipp 92) in die entsprechende Richtung zu lenken.

Wie gut können Sie Ihr Angebot in die Kaufmotive Ihrer Kunden „übersetzen“?

Tipp 68 Verhandeln Sie nicht, bevor Sie verkaufen

Im Zusammenhang mit „Verkaufen“ fällt oft auch das Stichwort „Verhandeln“ (▶▶ Tipp 69 bis 71); besonders im Falle von Investitionsgütern und kostenintensiverer Anschaffungen spricht man ja auch von „Verkaufsverhandlungen“. Ganz allgemein geht es beim Verkaufen darum, den Kunden davon zu überzeugen, für ein Produkt oder eine Dienstleistung einen bestimmten Preis zu bezahlen.

Es ist sinnvoll, zwischen Verkaufs- und Verhandlungsphase zu unterscheiden

Um das umzusetzen, sind unterschiedliche Schritte nötig und genau hier brauchen wir die Differenzierung in „Verkaufen“ und „Verhandeln“, um je nach Situation das effizienteste Verhalten zu wählen. Wer hier die jeweils erforderlichen Strategien vermengt, erzielt letztlich nicht nur keine Kundenbegeisterung, sondern gefährdet auch seinen Verkaufserfolg.

Zunächst mus der Kunde davon überzeugt sein, dass ein Angebot seinen Bedarf deckt ...

„Verkaufen“ bedeutet, den Kunden davon zu überzeugen, dem Kauf des Produktes, der Dienstleistung grundsätzlich zuzustimmen: Der Kunde bejaht, dass er das Angebot wahrnehmen will (wenn man sich über die Konditionen einig wird). Kunde und Verkäufer stimmen grundsätzlich überein, dass das

Angebot des Verkäufers den Bedarf des Kunden deckt (▶ **Tipp 6**). An dieser Stelle möchten wir noch einmal betonen, dass Überzeugen nicht bedeutet, den Kunden mit Argumenten zu überschütten (▶ **Tipp 87**). Diese Zustimmung beendet die Phase der Bedarfserkennung.

... dann erst wird verhandelt, zu welchen Konditionen das möglich ist

In der Phase der Verhandlung geht es dann um den Handel, also darum, zu welchen Bedingungen ein Produkt verkauft wird. Damit ist nicht nur gemeint, den Preis auszuhandeln, sondern beispielsweise auch Leistungsumfang, Liefermengen, Lieferbedingungen, Zahlungsbedingungen, Exklusivitätsvereinbarungen etc. Dies sind aber lediglich Beispiele: Je nach Verhandlungssituation gibt es hier die unterschiedlichsten Verhandlungsoptionen.

Typischerweise finden Verhandlungen immer dann statt,

- wenn dem Kunden mehrere Anbieter zur Auswahl stehen, er also zwar von dem Nutzen des Angebots für sich überzeugt, aber noch nicht darüber im Klaren ist, ob auch der Anbieter der richtige ist.
- der Kunde noch Bedenken bezüglich des Angebots hat, die der Verkäufer nicht ausräumen konnte (▶▶ **Tipp 94 bis 97**). Hier könnten dann günstige Konditionen den Ausschlag geben.

Der Übergang von der Verkaufs- zur Verhandlungsphase findet fließend statt, und es kann sogar ein Vor und Zurück geben. Warum also macht es Sinn, diese Unterscheidung vorzunehmen, wenn in der Praxis eine solch klare Trennung und stringente Vorgehensweise nicht immer möglich ist?

Kundenbegeisterung entsteht nur, wenn der Kunde vollständig vom Nutzen des Angebots überzeugt ist

Zum einen kann nur dann Kundenbegeisterung ausgelöst werden, wenn der Kunde wirklich vollständig vom Nutzen des Angebots überzeugt ist, aber nicht, wenn er lediglich mit günstigen Konditionen „geködert“ wird (▶ **Tipp 14**).

Zum anderen steigen gerade deshalb viele Verkäufer zu früh in die Verhandlungsphase ein, indem sie etwa Rabattversprechungen machen, und verschenken somit einen Teil ihrer Gewinnmarge. Geschickter ist es, den Kunden erkennen zu lassen, welcher Art sein Bedarf tatsächlich ist und wie das Angebot diesen deckt. Oft ist die Überzeugung dann so stark, dass eine bessere Ausgangsposition für die Verhandlung vorliegt.

Um hier eine Orientierung zu haben, hat Huthwaite International folgenden Leitsatz für Verkäufer definiert: *„Zuerst verkaufen und dann verhandeln, und zwar nur, wenn Sie müssen.“*

Wie stark differenzieren Sie in Ihren Kundengesprächen zwischen Verkaufs- und Verhandlungsphasen?

Tipp 69 Streben Sie in Verhandlungen Win-win-Ergebnisse an

Ein nicht unbeträchtlicher Teil von Kundengesprächen fällt auf Verhandlungsphasen (▶ Tipp 68). Wer hier im Sinne eines so genannten Hard Selling für einen einmaligen, möglichst hohen Abschluss bereit ist, einen Kunden „über den Tisch zu ziehen“ und verbrannte Erde zu hinterlassen, wird natürlich keine Kundenbindung erreichen. Im Gegenteil: Ein solches Verhalten kann sich herumsprechen und auch bestehende Kundenbeziehungen schädigen.

Klüger, weil nachhaltiger, ist dagegen ein Verhandlungsverhalten, das auf ein Win-win-Ergebnis abzielt. Das bedeutet nicht notwendig 50 : 50, sondern, dass beide Verhandlungspartner das Gefühl haben, ein gutes Ergebnis ausgehandelt zu haben. Nur Win-win-Ergebnisse sind Basis für langfristige Geschäftsbeziehungen.

Nur Win-win-Ergebnisse sind Basis für langfristige Geschäftsbeziehungen

Um ein Win-win-Ergebnis zu erzielen, gibt es einige Schlüsselprinzipien, die sowohl für den Käufer als auch Verkäufer gelten:

Bereiten Sie sich gut vor

Ohne Vorbereitung kann es in Verhandlungen zu bösen Überraschungen kommen: Der Kunde fordert etwas, mit dem Sie nicht gerechnet haben. Eine gute Vorbereitung hilft Ihnen außerdem, flexibel zu agieren. Gerade Flexibilität und Kreativität sind oft erforderlich, um im Sinne beiderseitigen Vorteils auf unerwartete Sachverhalte reagieren zu können. Dennoch gilt es, trotz einer guten Vorbereitung zu beachten: Sie kann nie perfekt sein und außerdem wird eine Verhandlung niemals genau so ablaufen, wie man sie sich im Vorfeld zurechtlegt.

Schützen Sie sich durch vorherige Festlegung von Verhandlungsuntergrenzen

Überlegen Sie sich für jeden Verhandlungspunkt, wo die Grenze liegt, an der Sie aussteigen

Überlegen Sie sich für jeden Verhandlungspunkt, wo die Grenze liegt, an der Sie aussteigen. Im Englischen wird dies treffend als Walk-away Point bezeichnet. Haben Sie diesen Punkt nicht definiert, kann es passieren, dass Sie im Eifer des Gefechts Zugeständnisse machen, die Sie später bereuen.

Dieser Abbruchspunkt ist aber nicht zu verwechseln mit dem von der Harvard Business School definierten Begriff „Best Alternative to Negotiated Agreement" (BATNA), womit eine Position umschrieben wird, auf die man sich zurückziehen kann, wenn man den Auftrag nicht erhält (▶ **TIPP 70**). Im besten Fall neue Verhandlungen zu einem anderen Kunden aufzunehmen, mit dem man das Geschäft dann zum Abschluss bringen kann.

Stellen Sie Fragen

Durch gezielte Fragen die Position des Gegenübers ermitteln, um entsprechend reagieren zu können

Was im Verkauf gilt, gilt auch in der Verhandlung: Stellen Sie Fragen (▶ **TIPP 87**). In der Verhandlung verfolgt eine Frage jedoch andere Absichten als die Bedarfserkennung (▶ **TIPP 6**) und -entwicklung. Fragen in Verhandlungen werden aus folgenden Gründen eingesetzt:

- Um die Position des Gegenübers in Erfahrung zu bringen. Was ist die Einstellung des Gegenübers? Über welche Punkte möchte die andere Partei verhandeln?
- Mit einer gezielten Frage können Sie der Gegenseite ein Einstiegsangebot entlocken.
- Widersprechen: *„Sie wollen tatsächlich nur 50 Euro pro Einheit zahlen?"* Hiermit gibt der Verkäufer zwar indirekt, aber deutlich zu verstehen, dass er mit diesem Angebot nicht einverstanden ist.

Um tatsächlich auch Antworten zu erhalten und damit die eigene Verhandlungsposition zu stärken, ist es wichtig, dem Verhandlungspartner die Zeit einzuräumen zu antworten. Gerade, nachdem eine Frage gestellt wurde, sollten Sie zunächst einmal schweigen. Sonst verliert Ihre Frage ihren Wert.

Machen Sie Zugeständnisse nur bei Gegenleistung

Wenn Sie Ihrem Kunden entgegenkommen, also beispielsweise einen Preisnachlass gewähren, sollten Sie darauf achten, dass Sie dafür auch etwas zurückerhalten, z.B. dass der Kunde die Liefermenge erhöht. Wie groß Ihr Zugeständnis ist, und was Sie dafür vom Verhandlungspartner erhalten wollen, sollte im Vorfeld betrachtet werden.

Bedenken Sie: „Macht“ ist nicht absolut

Wie können Sie Ihre Verhandlungsposition legitimieren und stärken?

Je mächtiger Sie sind, desto stärker ist Ihre Verhandlungsposition. Macht ist jedoch keine faktische, absolute Größe, die von beiden Verhandlungsparteien gleich wahrgenommen wird. Macht beruht auf reiner persönlicher Wahrnehmung. Die Wahrnehmung von Macht hat unterschiedlichste Quellen, wie beispielsweise das Charisma des Verhandlungspartners, Informationen (über den Verhandlungspartner, den Markt, das Produkt usw.), Erfahrung mit Verhandlungen, eine Rückzugsposition (BATNA), zur Verfügung stehende Verhandlungsoptionen usw.

Deshalb sollte man sich vor einer Verhandlung gründlich überlegen,

- was man schon im Vorfeld tun kann, um seine Machtposition zu stärken (Informationen einholen, auch andere mögliche Verhandlungspartner ansprechen),
- wie man sich während der Verhandlung verhalten sollte, um seine Machtposition zu stärken (zum Beispiel durch Anwendung einer bestimmten Verhandlungsmethode oder eine bestimmte Verhaltensweise).

Lassen Sie die Dinge auf sich zukommen oder bereiten Sie sich gezielt auf Verkaufsverhandlungen vor?

Tipp 70 Eine mögliche Rückzugposition verleiht Ihnen in Verhandlungen Sicherheit

Wer auf einen Abschluss angewiesen ist, setzt seine Kunden in der Regel unter Druck

Was machen Sie, wenn Sie keine Alternative haben, wenn Sie einen Auftrag unbedingt bekommen müssen? Sie werden entsprechend angespannt agieren, nicht so auf Ihren Kunden eingehen, wie es nötig wäre, ihn vielleicht sogar unter Druck setzen oder für Sie selbst unvorteilhafte Zugeständnisse machen (▶ **Tipp 68**).

Besser ist es, wenn Sie sich immer noch eine mögliche Rückzugsposition offenhalten – sprich weitere Kunden an der Hand haben, mit denen Sie Ihre Verkaufsverhandlungen erfolgreich zum Abschluss bringen können, wenn die aktuelle Verhandlung scheitern sollte.

Im Rahmen des Harvard-Verhandlungskonzepts, das in den 1980er-Jahren von Roger Fisher und William Ury an der Harvard Business School beschrieben wurde, wurde diese Alternative zum aktuellen Verhandlungspartner „Best Alternative to Negotiated Agreement", kurz BATNA, genannt.

Mögliche Alternativen erlauben es Ihnen, gelassener und damit kundenorientierter mit Ihrem Kunden zu agieren

Diese Rückzugsposition erlaubt Ihnen einerseits, gelassener und damit kundenorientierter mit Ihrem Kunden zu agieren (sollte es jetzt nicht klappen, haben Sie ja immer noch eine Alternative) und bietet Ihnen andererseits eine Möglichkeit, immer wieder zu prüfen, ob eventuell anstehende Zugeständnisse wirtschaftlich vertretbar sind und die Rückzugsposition nicht doch die bessere Alternative darstellt. Dies sollte nicht als doppelter Boden gesehen werden, der es erlaubt, in der Verhandlung „zu zocken", sondern als Referenzgröße, an der die eigene Vorgehensweise immer wieder hinterfragt wird.

Natürlich kommen bei diesen Überlegungen zahlreiche Komponenten ins Spiel, die oft schwer zu bemessen sind, wie beispielsweise die Qualität der bestehenden Beziehungen zu dem aktuellen Verhandlungspartner oder die Wahrscheinlichkeit des Zustandekommens des anderen Deals.

Eine solche Rückzugsposition muss langfristig und gut vorbereitet sein, schließlich geht es hier um den Aufbau eines anderen Kunden. Dies kurz vor einer Verhandlung in die Wege leiten zu wollen, wird fehlschlagen. Nicht selten stehen gute Verkäufer, die dies strategisch angegangen sind, vor einem wunderbaren Problem: Sie haben auf einmal zwei Aufträge.

VERHANDELN SIE UNTER DRUCK, DEN SIE AN IHRE KUNDEN WEITERGEBEN, ODER HABEN SIE SICH ALTERNATIVEN AUFGEBAUT?

Tipp 71 Bereiten Sie Verhandlungen in einer Gruppe gemeinsam vor

Verhandelt man in einer Gruppe, so ist es für den Erfolg der Verhandlung ausschlaggebend, dass sich alle Mitglieder des Verhandlungsteams gemeinsam miteinander vorbereiten und nicht nur der Verhandlungsführer, der die anderen dann lediglich kurz informiert und einweist. Kommt es nämlich zu Unstimmigkeiten oder gar widersprüchlichen Aussagen innerhalb des Verkäuferteams, leidet dessen Glaubwürdigkeit beim Kunden. So sollten Verhandlungsziele und -inhalte gemeinsam erarbeitet werden, damit alle Teilnehmer die einzelnen Themen nicht nur kennen, sondern auch hinter ihnen stehen, und es während der Verhandlung vor dem Verhandlungspartner nicht zu Differenzen kommt.

Für jeden Verhandlungsgegenstand einen Abbruchpunkt definieren

Wichtig ist, dass für jeden Verhandlungsgegenstand ein Abbruchpunkt definiert und beziffert ist (▶ **TIPP 69**), der die Grenze markiert, an der Sie aus der Verhandlung aussteigen, und dass mögliche Rückzugspositionen (BATNAs) bekannt sind (▶ **TIPP 70**).

Die gemeinsame Vorbereitung in der Gruppe erleichtert es oft, Ideen zu finden, wie man während der Verhandlung mit unerwarteten Situationen umgehen kann.

Auch sollte im Vorhinein bedacht werden, wann man sich eine gemeinsame Auszeit nimmt, um sich im Detail abzustimmen. Manchmal hilft es, sich Zeichen auszudenken, um sich innerhalb der Gruppe über Zustimmung oder Ablehnung zu verständigen.

Auch die „Rollenvergabe“ sollte bedacht werden. Wer gibt beispielsweise den „Good guy“ und wer den „Bad guy“? Während der „Bad guy“ gewissermaßen des Teufels Advokat spielt und immer wieder Unangenehmes anspricht, entkräftet der „Good guy“ dessen Einwände im Sinne des Kunden und signalisiert diesem so, dass die anbietende Seite durchaus sein Wohl im Sinne hat. Doch sollten derlei dramaturgische Tricks so eingesetzt werden, dass der Kunde sie letztlich durchschauen kann.

Zu einer guten Vorbereitung in der Gruppe gehört nicht nur die Überlegung, welche Punkte angesprochen werden, sondern auch eine Abstimmung darüber, wie diese in die Verhandlung eingebracht und zur Diskussion gestellt werden. In diesem Zusammenhang gilt es auch zu bedenken, in welchen Punkten man sich flexibel aufstellen kann und in welchen Punkten es (z.B. aufgrund von Gewinnmaximierung) gilt, standhaft zu bleiben.

INVESTIEREN SIE AUSREICHEND ZEIT FÜR DIE GEMEINSAME VORBEREITUNG WICHTIGER VERHANDLUNGEN?

Tipp 72 Erarbeiten Sie Kontakt-Netzwerke bei Ihren Kunden

Komplexe Kaufentscheidungen werden in der Regel von mehreren Personen getroffen

Kontakt-Netzwerke zu knüpfen, ist eine wichtige Fähigkeit für diejenigen unter Ihnen, die in einer Branche tätig sind, die sich durch langfristige Kundenbindung oder langwierige Entscheidungsprozesse auszeichnet. Sie verkaufen beispielsweise Transportfahrzeuge oder sind Anbieter für IT-Strukturen in Firmennetzwerken o.Ä. In den meisten Fällen werden die entsprechenden Kaufentscheidungen nicht durch Einzelpersonen getätigt, sondern es sind auf Käuferseite in so genannte BUYINGCENTERN mehrere Personen beteiligt. Sie selbst haben oft allerdings nur Zugang zu einer dieser Personen, können also auch nur diese Person beeinflussen. Die Herausforderung besteht nun darin, alle am Entscheidungsprozess beteiligten Personen zu erreichen. Erst wenn alle diese Personen in die Bedarfsermittlung einbezogen werden, lässt sich der tatsächliche Bedarf des Kunden verlässlich ermitteln. Auch hier erweist sich also wieder einmal, dass das, was Ihnen als Verkäufer nutzt, auch im Sinne Ihres Kunden ist – und natürlich auch umgekehrt.

Zuerst helfen Ihnen hier strukturelle Überlegungen weiter. Dazu dient Ihnen ein Modell der unterschiedlichen Rollen in einem Unternehmen.

Es sind sieben „Rollen“, die in Unternehmen zu beobachten sind, und wir stellen Ihnen diese Rollen nun vor:

Der operative Empfehler bewertet Ihr Angebot rein anwendungsbezogen

- Der OPERATIVE EMPFEHLER ist vielfach die Person, die der erste Ansprechpartner im Unternehmen ist. Nehmen wir an, Sie verkaufen Computerhardware und sind durch harte „Akquisearbeit“ zu einem Unternehmen gekommen, so wird Ihr operativer Empfehler in vielen Fällen ein Administrator oder ein technischer Mitarbeiter sein. Wenn Sie Transportfahrzeuge verkaufen, werden Sie meist an dieser Stelle mit Werkstattleitern zu tun haben. Rein anwendungsbezogen bewertet der operative Empfehler, ob Ihr Angebot seinen Anforderungen entspricht. Er ist meist nicht an der endgültigen Entscheidung oder der Betrachtung finanzieller Aspekte beteiligt – er wird wahrscheinlich immer die für ihn komfortabelste Lösung bevorzugen.
- Der OPERATIVE ENTSCHEIDUNGSTRÄGER ist vielfach eine Person, die der Abteilung oder dem Referat vorsteht, in der Ihr

Produkt letztendlich eingesetzt werden soll; der Leiter der IT-Abteilung oder der Leiter des Fuhrparks wahrscheinlich. Dieser operative Entscheidungsträger holt sich in der Regel den Rat des operativen Empfehlers ein, wenn es an die Entscheidung geht – er wird meist eine etwas weniger komfortable Variante als ausreichend betrachten.

- Der kommerzielle Empfehler kann eine Person sein, die im Unternehmen auf Budgetierungen etc. achtet. Er wird eine Übersicht über alle eingegangenen Angebote haben und die rein finanziellen Aspekte betrachten. Sein Rat ist dementsprechend allein auf die Kostenseite ausgerichtet – er wird wahrscheinlich immer das preiswerteste Angebot empfehlen.

Der kommerzielle Empfehler hat einen Überblick über alle Angebote und betrachtet rein finanzielle Aspekte

- Der kommerzielle Entscheidungsträger ist derjenige im Unternehmen, der die Investition freischaltet. Oft werden Sie hier den Leiter der Einkaufsabteilung antreffen. Er wird sich manchmal seine Informationen beim operativen Entscheidungsträger, aber immer beim kommerziellen Empfehler holen und seine Entscheidung letztlich deutlich mehr aus der Kosten- als aus der Leistungsperspektive herleiten.
- Der übergreifende Entscheidungsträger betrachtet das Unternehmen aus der Vogelperspektive heraus. Dies kann der Vorstandsvorsitzende oder der Inhaber sein. Für ihn sind sowohl die Leistungsdaten als auch die Kostenseite entscheidend. Er kommt allerdings nur bei Investitionen ab einer bestimmten Höhe in die Entscheidungskette und wird darauf achten, dass Funktionalität und Preis ausgewogen sind.

Der übergreifende Entscheidungsträger betrachtet das Unternehmen aus der Vogelperspektive heraus

- Der Haupteinflussnehmer ist jemand mit informeller Macht. Das kann der Seniorchef, „die Frau vom Chef", ein Aufsichtsratsvorsitzender oder auch ein externer Berater sein. Sie haben ihre eigenen Vorstellungen davon, was dem Unternehmen guttut. Manchmal geht es hier weniger um Leistung und Kosten des infrage stehenden Angebots, als vielmehr darum, den eigenen Einfluss unter Beweis zu stellen oder diese Position weiter auszubauen. Der Ratschlag des Haupteinflussnehmers richtet sich in aller Regel danach, was er als gut für das Unternehmen empfindet (ohne schließlich dafür geradestehen zu müssen) und/oder wie er seine Machtposition halten und ausbauen kann.

Der Champion ist derjenige, der innerhalb der Firma für Sie verkauft

- Der Champion ist Ihr Mann oder Ihre Frau! Derjenige, der innerhalb der Firma für Sie verkauft. Er wird immer ein gutes Wort für Sie einlegen und versuchen, soweit es ihm möglich ist, Ihre Produkte im Rennen zu halten.

Dies sind die unterschiedlichen Rollen, denen Sie begegnen können. Je nach Größe des Unternehmens, mit dem Sie verhandeln, kann eine Person auch mehrere dieser Rollen besetzen – wenn Sie z.B. einen guten Draht zum Seniorchef haben, ist er Haupteinflussnehmer und Ihr Champion. Es kann aber auch sein, dass mehrere Personen sich eine Rolle teilen – z.B. wenn ein Unternehmen mehrere Fahrzeugflotten unterhält und jeder Fuhrpark einen eigenen Leiter hat. Je komplexer das Kundenunternehmen zusammengesetzt ist, umso komplexer kann auch die Rollenverteilung sein.

Nach diesem Modell vorzugehen, ermöglicht Ihnen, im laufenden Verkaufsprozess gut überblicken zu können, wer nun wahrscheinlich „am Zug“ ist und vor allen Dingen zu überlegen, wie Sie ihm am besten helfen können, sich für Sie zu entscheiden. Wenn der Werkstattleiter (operativer Entscheidungsträger) noch nicht überzeugt ist, dann benötigt er Informationen über die Leistungsaspekte Ihres Angebotes und wem diese Leistungen wie und wobei hilfreich sein können, sodass er (der Werkstattleiter) etwas davon hat. Wenn der Einkäufer (kommerzieller Leiter) noch nicht überzeugt ist, benötigt er angesichts der Tatsache, dass Ihre Mitbewerber augenscheinlich vergleichbare Leistungen viel preiswerter anbieten, Begründungen, warum Ihr Angebot seinen Preis wert ist.

Es liegt auf der Hand, dass die Argumentationen für die beiden Kaufentscheider völlig anders geartet sein müssen, um zum Erfolg zu führen. Es wird in der Regel schwierig sein, auf sämtliche – mitunter auch gegensätzlichen – Interessen aller Kaufentscheider einzugehen. Aber je besser Ihnen das gelingt, desto größer die Zufriedenheit im Gesamtunternehmen und desto größer auch die Chance auf Folgeaufträge.

In welchem Masse berücksichtigen Sie im Rahmen komplexer Verkaufsverhandlungen die Rollen und das Informationsbedürfnis der einzelnen Kaufentscheider?

Teil J Wie Sie Ihr Angebot ausrichten

Tipp 73 Heben Sie sich eindeutig und unverwechselbar vom Wettbewerb ab

Wenn Ihr Angebot in der Masse vergleichbarer oder ähnlicher Angebote untergeht, hat kein Kunde einen wirklichen Grund, bei Ihnen zu kaufen (▶ **TIPP 76**): Er *kann* bei Ihnen kaufen, *muss* es aber nicht. Für eine nachhaltige Kundenbindung ein denkbar schlechtes Szenario!

Beispielsweise nachgefragte Markenangebote (▶ **TIPP 55**) zeichnen sich dagegen durch ein Alleinstellungsmerkmal aus, das sie am Markt einzigartig und unverwechselbar macht. Die so genannte UNIQUE SELLING PROPOSITION, das „einzigartige Verkaufsversprechen", kurz USP genannt, beschreibt dabei ein Charakteristikum oder Leistungsmerkmal, mit dem sich ein Angebot deutlich vom Wettbewerb abhebt.

Geben Sie Ihren Kunden ein einzigartiges Verkaufsversprechen

Das Alleinstellungsmerkmal kann sich beziehen auf

- den Preis,
- das Design,
- besondere technische Eigenschaften,
- das Knowhow,
- den Vertrieb,
- den Service oder
- das Image.

Die Positionierung am Markt kann auch durch eine Kombination verschiedener Alleinstellungsmerkmale zu Stande kommen, zum Beispiel bessere Qualität bei außergewöhnlichem Design (siehe Apple oder Bang & Olufsen). Vielfach genießen Angebote, denen es gelingt, sich dergestalt zu positionieren, auch ein besonderes Image.

> *WENN SIE KEIN PRODUKT- ODER SERVICEBEZOGENES ALLEINSTELLUNGSMERKMAL HABEN, WIRD ES SCHWER, NACHHALTIGE KUNDENBINDUNG ZU ERZIELEN.*

Aufgrund der fehlenden Differenzierung zum Wettbewerb werden Sie austauschbar und können sich allein über den Preis positionieren. Aber Kunden, die allein des Preises wegen bei Ihnen kaufen, werden sofort wieder abwandern, wenn ein Konkurrent Sie unterbietet (▶ **Tipp 14**). Und Preiskämpfe sind in der Regel ruinös.

Und letztlich bietet ein produkt- oder servicebezogenes Alleinstellungsmerkmal auch noch einen anderen Vorteil: Je schwieriger es für Ihre Kunden wird, eine Ihrem Angebot vergleichbare Leistung am Markt zu finden, umso mehr Spielraum haben Sie auch in Ihrer Preispolitik.

Konzentrieren Sie sich auf Ihre Stärken und Kernkompetenzen und beobachten Sie den Wettbewerb

Um Ihr „einzigartiges Verkaufsversprechen" an Ihre Kunden zu finden, können Sie sich einerseits auf Ihre Kernkompetenzen und Stärken konzentrieren und andererseits den Wettbewerb beobachten (▶ **Tipp 63**).

- Was können Sie ganz besonders gut?
- Was können Sie besser als jeder andere Anbieter am Markt?
- Was können Sie Ihren Kunden anbieten, das ihnen kein anderer bieten kann?

Sie können vom Wettbewerb profitieren, wenn Sie genau analysieren, was den Wettbewerb ausmacht. Stellen Sie Fakten zusammen, durchleuchten Prozesse und vergleichen Leistungen – so werden Ihre Stärken und Schwächen sowie die des Wettbewerbs offensichtlich. Das hilft, Merkmale der Einzigartigkeit zu identifizieren und sich gegenüber der Konkurrenz zu positionieren.

Wissen Sie, was Ihr Angebot gegenüber dem Wettbewerb auszeichnet und können das Ihren Kunden auch nachvollziehbar und glaubhaft vermitteln?

Tipp 74 Definieren und kommunizieren Sie einen klaren Kundennutzen

Ein Kunde kauft ein Produkt oder eine Dienstleistung, um durch den Erwerb einen ganz bestimmten Bedarf zu befriedigen oder ein Problem zu lösen (▶ **Tipp 6**). Inwieweit dies gelingt, bestimmt den Kundennutzen. Der Nutzen kann bei ein und demselben Angebot von unterschiedlichen Kunden unterschiedlich empfunden werden. Er ist daher ein subjektives Maß für den Grad der Bedürfnisbefriedigung.

Das hier entstehende Problem ist, dass Sie als Verkäufer natürlich die objektivierbaren Kriterien Ihres Angebotes darstellen können, aber sich Ihnen der individuelle Kundennutzen erst allmählich im Kundengespräch (▶ Tipp 87) oder über eine genaue Kenntnis Ihrer Zielgruppe erschließt.

Ein in diesem Zusammenhang oft gemachter Fehler ist, dass der Verkäufer lediglich Produkteigenschaften referiert, aber glaubt, über Kundennutzen zu sprechen (▶ Tipp 75).

Wer Produkteigenschaften referiert, spricht nicht über Kundennutzen

Damit Verkäufer und Kunden hier nicht aneinander vorbeireden, ist es sinnvoll, zwischen folgenden drei Dimensionen zu unterscheiden:

Angebotseigenschaften, -funktionen und -merkmale

Bei den so genannten Features handelt es sich um Eigenschaften der Komponenten von Produkten oder bestimmte Charakteristika von Dienstleistungen.

So verfügt beispielsweise ein Handy über eine Bluetooth-Funktionalität, ein PC über einen QuadCore-Prozessor oder beinhaltet eine Gebäudeversicherung ein Topschutz-Paket.

Die reine Darstellung von Produktfeatures nimmt keinerlei Bezug auf den Bedarf des Kunden und ist deswegen in der Regel wenig überzeugend.

Einsatzmöglichkeiten des Produktes oder einzelner Merkmale

Gerade in Zeiten von für den Laien nicht leicht nachvollziehbaren Produktfeatures müssen diese gewissermaßen in einen Anwendungskontext „übersetzt" werden, damit nachvollziehbar wird, welchen Sinn und Zweck sie haben.

- *„Die Bluetooth-Funktionalität ermöglicht Ihnen, im Auto ohne zusätzlichen Handy-Adapter auf die Freisprechanlage zugreifen zu können."*
- *„Der QuadCore- oder Vierkern-Prozessor erlaubt es Ihnen, parallel verschiedene Anwendungen auf Ihrem Rechner laufen zu lassen, ohne dass diese sich gegenseitig ausbremsen."*
- *„Mit unserem Topschutz-Paket versichern Sie Ihr Eigenheim gegen alle Gefahren von oben, wie umstürzende Bäume, Telegrafenmasten etc."*

Durch die Darstellung der Einsatz- und Anwendungsmöglichkeiten kommen Sie dem Kundennutzen schon näher.

Individueller Nutzen des Produktes für den Kunden

Der Benefit lässt sich nicht ohne Weiteres aus den Produkteigenschaften und -einsatzmöglichkeiten ableiten

Der individuelle Nutzen für den Kunden, der so genannte BENEFIT, lässt sich nicht ohne Weiteres aus den beiden ersten Dimensionen ableiten (▶ **TIPP 19**).

So hat die Bluetooth-Funktionalität für einen Geschäftsmann, der ständig zu Kunden im Auto unterwegs ist, eine ganz andere Bedeutung als für jemanden, der den Wagen lediglich zum Einkaufen braucht; nutzt der QuadCore demjenigen nichts, der kein Multitasking betreibt und ist der Topschutz für denjenigen verzichtbar, dessen Haus völlig frei steht.

Ohne also den konkreten Bedarf des Kunden verstanden zu haben, ist es dem Verkäufer nicht möglich, einen individuellen Nutzen zu nennen und damit seine stärksten Argumente ins Feld zu führen.

In vielen Unternehmen wird immer wieder betont, weg von den Produkten hin zu Lösungen zu denken (SOLUTION SELLING ▶ **TIPP 6**). Während dieser gedankliche Ansatz richtig ist, wird in der Regel seine Umsetzung falsch angegangen. Der Ersatz des Wortes „Produkt" durch „Lösung" reicht bei Weitem nicht aus, um auch tatsächlich Lösungen zu verkaufen. Im ersten Schritt ist hierzu eine gründliche Bedarfsanalyse nötig, im zweiten Schritt muss die Präsentation des Produktes dann genau auf den Bedarf abgestimmt und reduziert sein, damit wirklich Nutzenaussagen getroffen werden können.

SIND SIE SICH SICHER, DASS SIE TATSÄCHLICH NUTZENARGUMENTE IM SINNE IHRES KUNDEN LIEFERN, WENN SIE IHR ANGEBOT DARSTELLEN?

Tipp 75 Wer Produkteigenschaften referiert, spricht nicht über Kundennutzen

Die Produktdarstellung auf den Bedarf des Kunden hin kanalisieren

Ohne den Bedarf des Kunden zu kennen (▶ **TIPP 6**), ist es schwierig, die Darstellung des Produkts so auf dessen Kontext abzustimmen, dass ein konkreter Kundennutzen aufgezeigt werden kann. Je komplexer ein Angebot (Produkt/Lösung) ist, desto wichtiger ist es, die Darstellung gewissermaßen auf den Bedarf des Kunden hin zu kanalisieren und ihm aufzuzeigen, wie seine Probleme gelöst werden können und welchen zusätzlichen Nutzen und Wert er daraus ziehen kann.

Fehler, ohne den Bedarf des Kunden verstanden zu haben, in die Produktpräsentation zu gehen

Ein Fehler, den hier viele Verkäufer machen, ist, ohne den Bedarf (das Problem, den Wunsch des Kunden) wirklich verstanden zu haben, in die Produktpräsentation zu gehen (▶ **TIPP 92**). Oft werden dann aufgrund bestimmter Signalwörter, die der Kunde äußert, vorschnelle Annahmen darüber getroffen, wie der Bedarf des Kunden aussieht. Dann wird ausführlich über die vermeintliche Lösung gesprochen; tatsächlich redet der Verkäufer aber am Kunden vorbei.

Um Kundennutzen darstellen zu können, muss ein Verkäufer ganz genau verstehen, wo der Kunde selber seinen (möglichen) Nutzen sieht. Dies geht nicht, indem der Verkäufer „mit Schrot auf Spatzen schießt", also alle denkbaren Einsatzmöglichkeiten des eigenen Produktes aufzeigt, in der Hoffnung, dass er schon einen Punkt treffen wird, der den Kunden begeistert.

Auch wenn es uns wie ein Umweg erscheint, müssen wir an dieser Stelle das Pferd von hinten aufzäumen und zunächst beim Kunden ansetzen: Der Nutzen *unserer* Lösung liegt in der Behebung *seiner* Probleme. Im ersten Schritt geht es also darum, die Probleme des Kunden im Detail zu erfragen (▶ **TIPP 87**).

Immer wieder hören wir in unseren Trainings und Coachings die beiden folgenden Aussagen, die wir an dieser Stelle gerne kritisch unter die Lupe nehmen wollen.

- *„Man soll mit Kunden nicht über Probleme reden!"* Alternativ wird dann oft das Wort „Herausforderung" bemüht. Versucht man, das Wort „Problem" krampfhaft zu umgehen, hören sich die entsprechenden Formulierungen oft sehr künstlich an. Warum das Kind nicht beim Namen nennen? Die meisten Kunden möchten ihre Probleme einfach vom Tisch haben, nicht aber Herausforderungen bewältigen. Möchte man das Wort „Problem" unbedingt vermeiden, können Synonyme wie „Thema", „Anliegen", „Schwierigkeiten", „Unzufriedenheiten" eingesetzt werden.
- *„Wir verkaufen keine Produkte, sondern Lösungen!"* Ohne das Problem des Kunden im Kern verstanden zu haben, kann man auch keine Lösungen darstellen. Auch wenn man sein Angebot „Lösung" nennt, wird man damit dem „Solution-Selling" nicht gerecht.

Im zweiten Schritt geht es dann darum, dass der Verkäufer erfasst, welchen Gewinn ein Kunde hat, wenn seine Probleme

Der Kunde muss unsere Lösung zu seiner Lösung machen

aus dem Weg geräumt sind. Indem wir dem Kunden den dann entstehenden Zustand schildern, motivieren wir ihn, *unsere* Lösung zu *seiner* Lösung zu machen – nur so kann Kundenbegeisterung entstehen.

WIE KONSEQUENT ORIENTIEREN SIE SICH BEI DER NUTZENARGUMENTATION AM BEDARF IHRER KUNDEN?

Tipp 76 Ihr Alleinstellungsmerkmal: Geben Sie Kunden einen Grund, bei Ihnen zu kaufen

Wie nehmen Ihre Kunden Ihr Alleinstellungsmerkmal wahr?

In Bezug auf Ihr Alleinstellungsmerkmal (▶ **Tipp 73**) sind nicht Ihre Vorstellungen, sondern ist die Sicht Ihrer Kunden ausschlaggebend: Es kommt weniger darauf an, wie Sie Ihr Angebot profilieren und sich gegenüber Ihrem Wettbewerb positionieren wollen (▶ **Tipp 77**), als vielmehr darauf, wie Ihre Kunden die entsprechenden Botschaften an- und wahrnehmen. Es geht darum, dass Ihr Angebot aus der Perspektive der Kunden für deren Bedürfnisse besser geeignet ist als die Produkte Ihrer Mitbewerber.

Das Alleinstellungsmerkmal ist strategisch gesehen einer der wichtigsten Punkte bei der Ausrichtung eines Unternehmens bzw. der Positionierung eines Angebotes. In unseren so genannten Käufermärkten, auf denen viele Anbieter mit ähnlichen oder vergleichbaren Leistungen um die Gunst der Kunden buhlen, ist die Differenzierung zum Wettbewerb entscheidend, um Kunden einen Grund zu geben, ein bestimmtes Angebot wahrzunehmen.

Differenzierung heißt, etwas zu bieten, was andere nicht oder nur teilweise bieten. Differenzierung heißt, anders zu sein. Solange eine gemessen am Angebot hohe Nachfrage besteht, können Sie immer noch gute Geschäfte machen, wenn Sie das Gleiche bieten wie viele andere auch.

Sobald der Wettbewerb jedoch zunimmt und das Angebot die Nachfrage übersteigt, haben besonders die Anbieter bessere Chancen, die sich durch Differenzierung, also die Ausprägung eines Alleinstellungsmerkmals, entsprechend positioniert haben.

Das, was Sie in den Augen Ihrer Kunden vor allen anderen Anbietern auszeichnet, sollten Sie in alle Ihre Marketingbotschaften integrieren. Nur so gewinnen Sie allmählich an Kontur in den Köpfen Ihrer Zielgruppe.

Natürlich gelingt die Positionierung eines Alleinstellungsmerkmals am leichtesten innerhalb der Einführungs- und Wachstumsphase von mehr oder weniger neuen Angeboten. Diese komfortable Situation, etwas völlig Neues auf den Markt bringen zu können und sich gewissermaßen einen eigenen Markt zu schaffen, bietet sich erfahrungsgemäß aber nur äußerst selten. Und sobald hier Nachahmerprodukte Konkurrenz machen, die vielleicht sogar noch preiswerter sind, zeigt sich, ob es dem „Original" gelungen ist, seine Botschaft dauerhaft zu etablieren.

Was zeichnet Sie in den Augen Ihrer Kunden vor allen anderen Anbietern aus?

Was Sie anstreben sollten – auch wenn Sie es in aller Wahrscheinlichkeit nie völlig erreichen werden – ist, über Ihr Alleinstellungsmerkmal auf Ihrem speziellen Markt ein in den Augen Ihrer Kunden einzigartiges Angebot zu machen, dessen Leistung niemand anderes bieten und das auch nicht kopiert werden kann.

Genau das nämlich haben eingeführte Marken (▶ **TIPP 55**) wie beispielsweise Apple, Porsche oder Rolex geschafft: eine nachhaltige Kundenbindung bei hoher Preisresistenz ihrer Käufer!

WISSEN IHRE KUNDEN, WARUM SIE AUSGERECHNET BEI IHNEN UND NICHT BEI IHRER KONKURRENZ KAUFEN SOLLEN?

Teil K Wie Sie mit Ihren Mitbewerbern umgehen

Tipp 77 Führen Sie eine Wettbewerbsanalyse durch

In Ihrem Bemühen um Kunden sind Sie (leider) nicht allein

In Ihrem Bemühen um Kunden sind Sie (leider) nicht allein. Um sich den Mitbewerbern gegenüber klar positionieren zu können, empfehlen wir eine Wettbewerbsanalyse. Sie dient dem Zweck, Klarheit zu schaffen, welche Stärken und Schwächen der potenzielle und reale Wettbewerb mit seiner Marketingstrategie hat. Dadurch wird eine punktgenaue Darstellung der eigenen Unternehmensposition im Markt erzielt. Daraus können Maßnahmen erarbeitet werden, wie das Unternehmen sich über Marketingkampagnen oder auch in Gesprächen mit potenziellen Kunden erfolgreich positionieren kann.

Speziell im Direktmarketing (▶ **TIPP 36**) ist eine regelmäßige Analyse der Erfolgsfaktoren wichtig, da in diesem Bereich der Faktor Zeit starken Einfluss hat.

Inhalte Ihrer Mitbewerberanalyse

Die Analyse Ihrer Mitbewerber sollte folgende Kernpunkte betrachten:

- Unternehmensstruktur
- Unternehmensziele
- Analyse von Leistungen und Produkten
- Analyse der Zielgruppen des Mitbewerbers
- Vertriebswege
- Preise (und Preisgestaltung)
- Werbung

Strategisches Ziel der Analyse ist es, aufgrund der Erkenntnisse die eigene Positionierung am Markt zu überdenken und sich der eigenen Stärken und Schwächen bewusst zu werden. Möglicherweise sollten Sie überlegen, sich neu zu positionieren.

Einem Verkäufer hilft die Analyse, im Gespräch mit einem Kunden im Vergleich zum Wettbewerb die eigene Unternehmensposition deutlich herauszuarbeiten. Ziel ist es, das Gespräch so zu führen, dass der Kunde die Leistungen und Stärken des eigenen Unternehmens erkennt. Die Schwächen der

Mitbewerber sollten dabei aber nicht direkt angesprochen werden (▶ Tipp 78).

Wie gut kennen Sie Ihre Marktposition?

Tipp 78 Sprechen Sie niemals negativ über einen Konkurrenten im Kundengespräch

Sich im Kundengespräch gegen den Wettbewerb zu positionieren, ist eine heikle Angelegenheit.

Es gilt zunächst eine Grundsatzregel: Niemals negativ über die Mitbewerber sprechen! Die Mitarbeiter der Mitbewerber sind auch nette Menschen und es kann durchaus sein, dass es eine gute Beziehung zwischen Einkäufer und Mitbewerber gibt. Schlecht über die Mitbewerber zu reden, setzt damit uns selbst in ein schlechtes Licht.

Hier die gebotene Zurückhaltung zu üben, fällt besonders dann schwer, wenn die Mitbewerber, sei es mit Absicht oder unbewusst, unvorteilhafte oder auch falsche Informationen über das eigene Unternehmen in Umlauf gebracht haben. Stellt der Verkäufer das ohne Umschweife richtig oder unterstellt der anderen Partei gar, sie habe bewusst Fehlinformationen gestreut, kann der Eindruck entstehen, man könne nur glänzen, indem man die Konkurrenz kritisiert.

Es darf nicht der Eindruck entstehen, man könne nur glänzen, indem man die Konkurrenz kritisiert

Besser ist es, an dieser Stelle großzügig zu sein und Fragen zu stellen, die Zweifel beim Kunden auslösen können, wie zum Beispiel: *„Hat er das wirklich gesagt?"* oder *„Sind Sie sicher, dass er das auch so gemeint hat?"*

Allgemein empfehlen wir: Anstatt den Mitbewerber zur Sprache zu bringen, ist es effizienter, den Kunden im Rahmen einer klar geführten Bedarfsanalyse (▶▶ Tipp 6, 82) auf die eigenen Stärken zu lenken und den Nutzen des eigenen Angebots darzustellen (▶ Tipp 85). Dies gelingt natürlich umso besser, je deutlicher Sie für Ihr Angebot ein Alleinstellungsmerkmal (▶ Tipp 73, 76) ausgeprägt haben.

Falls es Presseartikel oder Prüfungsberichte von Zertifizierungsstellen gibt, die vorteilhaft für das eigene Angebot sind, so können diese dem Kunden vorgelegt werden. Auch hier sollte im Gespräch proaktiv nur über das eigene Produkt gesprochen werden. Lediglich wenn der Kunde das Leistungsspektrum des Mitbewerbers anspricht, kann man hierzu Auskunft geben und zwar so neutral wie möglich.

Wie gut schaffen Sie es, Ihre Stärken herauszuarbeiten, ohne sich dabei von den Schwächen der Mitbewerber absetzen zu müssen?

Tipp 79 Schaffen Sie Vergleichsgrößen, um Ihre Stellung im Wettbewerb zu ermitteln

Natürlich wollen Sie kundenorientierter sein als Ihre Mitbewerber. Bei diesem Vorsatz allein sollte es jedoch nicht bleiben und um ihn erfolgreich in die Tat umzusetzen, bedarf es ganz konkreter Ansatzpunkte, anhand derer Sie Ihre Leistung mit der Ihres Wettbewerbs vergleichen können. Erst solche Vergleichsgrößen lassen Aussagen darüber zu, wie Sie bei der Kundengewinnung und -bindung vorgehen sollten.

Was spricht aus Kundensicht im Vergleich zu Ihren Mitbewerbern für und was gegen Sie?

Sie sollten also eine Analyse darüber angestellt haben, was aus Kundensicht im Vergleich zu Ihren Mitbewerbern für und was gegen Sie spricht. Die entscheidenden Fragen, die sich Ihre Kunden hier stellen, sind:

- *„Warum soll ich ausgerechnet bei XY kaufen?“*
- *„Was bekomme ich bei XY, was ich woanders nicht bekomme?“*

Wenn Sie selber diese Fragen nicht beantworten können – wie soll sich Ihr Kunde dann orientieren? Um sich für Sie und nicht Ihre Konkurrenz zu entscheiden, benötigt Ihr Kunde viele schlagkräftige Argumente. Um ihm diese liefern zu können, sollten Sie sämtliche Leistungen, die Sie erbringen (auch wenn sie manchmal noch so unwichtig erscheinen), in Ihre Analyse miteinbeziehen. Zur Ermittlung der Vergleichsgrößen gilt es, eine Analyse der Stärken, der Schwächen, des Standort(-vorteil)s, der Produkt- sowie der Dienstleistungs- und Servicevorteile vorzunehmen. Gerade im Servicebereich werden manche Details gerne unterbewertet, weil sie Ihnen selbstverständlich vorkommen. Besonders hier können Sie sich aber positiv vom Wettbewerb absetzen. Oft, ohne viel investieren zu müssen.

Legen Sie für Ihre Vergleichspunkte Referenzwerte fest

Um die im Rahmen dieses – wie es neudeutsch heißt – Benchmarkings gefundenen Punkte auch bewerten zu können, sollten Sie bestimmte Referenzwerte festlegen.

- Umtausch ohne Angabe von Gründen *innerhalb einer Woche,*
- garantierte Kassendurchlaufzeiten *unter fünf Minuten,*
- kostenlose Servicehotline *zwischen 8:00 und 19:00 Uhr.*

Die Ergebnisse Ihrer Analyse können Sie in einer Argumentationsliste in folgende vier Rubriken zusammenfassen:

Was zeichnet Ihr Angebot vor allen anderen aus?

- IHR ALLEINSTELLUNGSMERKMAL (Unique Selling Proposition, USP ▸▸ **TIPP 73, 76**). Was zeichnet Ihr Angebot vor allen anderen aus? Welche Leistungen können nur Sie erbringen? Was können Sie am besten von allen anderen? Ist Ihr Angebot beratungsintensiv und Sie bieten eine kostenlose Kundenhotline an, haben Sie möglicherweise einen USP gefunden. Wundern Sie sich bitte nicht, wenn es Ihnen schwerfällt, entsprechende Punkte herauszuarbeiten. Sie müssen dazu Ihr Angebot gewissermaßen von außen, durch die Brille Ihrer Kunden wahrnehmen.

  Wenn Sie Ihren USP drei- bis viermal pro Jahr auf den Prüfstand stellen und die Ergebnisse an Ihre Service- und Vertriebsmitarbeiter weitergeben, können Sie adäquat auf Veränderungen am Markt reagieren und Ihren Kunden überzeugend Antwort auf die Frage geben: *„Warum soll ich ausgerechnet bei XY kaufen?"*

Was können Sie besser als Ihre Mitbewerber?

- PLUS-FAKTOREN sind sämtliche Leistungsmerkmale, die Sie besser erfüllen als Ihre Mitbewerber. Auch hier wird Ihnen und Ihren Mitarbeitern manches als selbstverständlich oder wenig erwähnenswert vorkommen, das für Ihre Kunden aber von Bedeutung sein kann. Eine Fokussierung auf die hier gefundenen Punkte beantwortet Ihren Kunden letztlich die Frage: *„Was bekomme ich bei XY, was ich woanders nicht bekomme?"*

Was machen Sie so wie alle anderen auch?

- ZERO-FAKTOREN (Null-Faktoren) sind alle die Dinge, die bei Ihnen genauso sind wie bei Ihren Mitbewerbern. In der praktischen Arbeit ist diese Rubrik nur von theoretischer Bedeutung – niemand braucht eine Aufzählung von Aussagen, die für alle Anbieter oder Produkte gleich sind.

Wo sind Sie schlechter als Ihre Mitbewerber?

- Die Kenntnis der MINUS-FAKTOREN ist dagegen für Ihre Arbeit entscheidend. Hier kommt zusammen, worauf sich Ihre Service- und Vertriebsmitarbeiter einstellen müssen, wenn sie mit Kunden reden. Einwände und Vorwände Ihrer Kunden gegen den Kauf sind das tägliche Brot im Verkaufsprozess. Schließlich werden Ihre Kunden von den Vertriebsmitarbeitern der Mitbewerber genau auf diese Schwachstellen hingewiesen (▶ **TIPP 78**). Hier müssen Sie geschickt argumentieren oder – was natürlich sinnvoller ist – nachbessern. Auch Beanstandungen und Reklamationen decken die entsprechenden Schwachstellen auf (▶ **TIPP 51**).

Aus der Schnittmenge der von Ihnen ermittelten Kundenwünsche (▶▶ **TIPP 6, 8, 9**) und der Auflistung Ihres USP und maßgebender Plus-Faktoren ergeben sich dann die Punkte, die Sie angehen und die Maßnahmen, die Sie umsetzen müssen.

SIND SIE UND IHRE MITARBEITER SICH IHRER PLUS- UND MINUS-FAKTOREN BEWUSST?

Teil L WIE SIE IN IHRER VERKAUFSPRAXIS KUNDENORIENTIERT AGIEREN

Tipp 80 Das Verkaufsgespräch ist ein Überzeugungsgespräch

Anders als im Marketing (▶ TIPP 54), dessen Botschaften sich immer über Medien vermittelt an viele Menschen richten (Kommunikation „one to many"), betrachtet man im Verkauf oder Vertrieb immer eine Situation, bei der sich Menschen beider Seiten unmittelbar und persönlich begegnen (Kommunikation „one to one"). Der große Vorteil entsprechender Gespräche ist, dass der Verkäufer eine persönliche Beziehung zu seinem Kunden aufbauen und die Reaktionen auf seine Aktionen sozusagen „live" erleben kann. In den sich daraus ergebenden Möglichkeiten, bedarfsgerecht und kundenorientiert argumentieren zu können, liegt der entscheidende Vorteil des Beratungs- und Verkaufsgespräches.

Verkaufsgespräche finden „one to one" statt

Seinem Kern nach ist jedes Verkaufsgespräch ein „Überzeugungsgespräch", das letztlich zum Ziel hat, dass der Gesprächspartner sein Verhalten ändert: Der Verkäufer als Überzeuger versucht, den Kunden von seinen Vorstellungen zu überzeugen und zum Kauf zu bewegen. Es geht um die Zukunft des Kunden und um den Einigungsprozess, ob diese so aussehen kann, wie der Verkäufer sie zu verändern in der Lage ist.

Ziel ist letztlich eine Verhaltensänderung des Kunden

Der Unterschied zwischen einer kundenorientierten und einer manipulativen Vorgehensweise ist nun, dass der kundenorientierte Überzeuger in seinem Kunden einen gleichwertigen Partner sieht, der in aller Freiwilligkeit seinen Zukunftsideen zustimmen kann und soll. Denn nur überzeugte Kunden kommen wieder. Und unsere Probleme fangen da an, wo wir uns Gedanken darüber machen, wie das wohl zu bewerkstelligen ist.

Je nach der Bedeutung für unseren Gesprächspartner und seinen persönlichen Vorlieben können sich Überzeugungsgespräche einfach oder auch schwierig gestalten. Wir haben einen Vorschlag gemacht und der andere hat gesagt: *„Gut, machen wir so!"* Wir kennen aber auch die anderen Gespräche, die sich vielleicht über Wochen oder Monate hingezogen haben, bis es zu einer Einigung kam.

Es gibt keine Weltformel oder die alles schlagende Verkaufsstrategie

Wir kennen keinen Verkäufer auf dieser Welt, der in der Lage wäre, jedes Überzeugungsgespräch für sich zu entscheiden. Es gibt keine Weltformel oder die alles schlagende Verkaufsstrategie. Was es stattdessen allerdings gibt, sind Strategien und Taktiken, wie man ein solches Gespräch führen sollte, um die größtmöglichen Chancen auf das Ziel (die Verhaltensänderung meines Gegenübers) zu erreichen (▶▶ **TIPP 81 BIS 98**).

SEHEN SIE IHREN KUNDEN ALS GLEICHBERECHTIGTEN PARTNER, DEN ES ZU ÜBERZEUGEN GILT, ODER NUTZEN SIE IHREN WISSENSVORSPRUNG, UM (SANFTEN) DRUCK AUSZUÜBEN?

Tipp 81 Bereiten Sie Ihr Verkaufsgespräch gut vor

Welcher Bedarf liegt vor und welche Kaufentscheider sind involviert?

Zentral in der Vorbereitung des Gesprächs ist die Fragestellung, welcher Bedarf vorliegen könnte (▶▶ **TIPP 6, 82**). Auf Unternehmensebene ist es maßgebend zu überlegen, welche Kaufempfehler bei der Kaufentscheidung eine Rolle spielen (▶ **TIPP 72**).

Im Rahmen der Vorbereitung gibt es unterschiedliche Themengruppen, die man bedenken sollte. Je nachdem, wie lange ein Verkäufer mit einem Unternehmen zusammenarbeitet, unterscheiden sich natürlich Aufwand und Schwerpunkte der Vorbereitung.

Hier wichtige Aspekte, die gerade bei Erstgesprächen im Vorhinein recherchiert werden sollten:

Gesprächspartner:

- Wer ist der Ansprechpartner?
- Welche Verantwortlichkeiten hat er im Unternehmen?
- Welchen Werdegang hat er im Unternehmen?
- Was für ein (Kunden-)Typ ist er? (▶ **TIPP 58**)

Unternehmen/Unternehmensbereich:

- In welcher Branche ist es tätig?
- Besonderheiten der Branche?
- Synergien mit anderen Branchen?
- In welchem Wettbewerbsumfeld arbeitet es?

- Kunden des Unternehmens?
- Vertriebswege des Unternehmens?

Schließlich ist zu bedenken, in welcher Art und Weise die gesammelten Informationen in das Kundengespräch eingebaut werden. Hierzu ein paar Stichworte zur Vorbereitung einer effizienten Gesprächsführung:
- Was ist das Ziel des Gesprächs?
- Welche Zeit steht zur Verfügung?
- Welche Agenda muss abgearbeitet werden?
- Ein möglicher Einstieg?
- Fragen, um den Bedarf herauszuarbeiten?
- Welche Einwände (▶▶ **Tipp 93 bis 97**) könnten geäußert werden?
- Mit welchen Fakten können Nutzenaussagen (▶ **Tipp 92**) untermauert werden?

Als Faustregel gilt: Je umfassender und genauer die vor einem Kundengespräch zur Verfügung stehenden Informationen sind, desto individueller kann man auf die Bedürfnisse des Kunden eingehen. Natürlich ist es nicht immer möglich, sämtliche dieser Informationen zu erhalten. Aber im Rahmen einer gründlichen Recherche, heutzutage über das Internet deutlich vereinfacht, ist so mancher Verkäufer erstaunt, welche Informationen ihm zugänglich werden, um sich gründlich vorzubereiten.

Je umfassender die Information, desto individueller kann man auf Kundenbedürfnisse eingehen

Widmen Sie der Vorbereitung eines Kundengespräches genügend Zeit oder lassen Sie die Dinge auf sich zukommen und improvisieren?

Tipp 82 Die Befriedigung eines angedeuteten Bedarfs schafft hohe Kundenbindung

Stellt ein Verkäufer in einem Verkaufsgespräch geschickte Fragen (▶ **Tipp 87**), so ist er in der Lage, die Situation und den Bedarf (▶ **Tipp 6**) des Kunden voll und ganz zu verstehen. Aber was genau ist eigentlich ein Bedarf? In Vertriebsbüchern lesen wir: „*Erkennen Sie den Bedarf des Kunden und zeigen Sie, wie Ihr Produkt diesen deckt.*“ Doch was genau heißt das?

In einer umfassenden Studie von Verkaufsverhalten, die ihren Anfang in den frühen 70er-Jahren in England genommen hat und bis heute international und branchenübergreifend fortgesetzt wird, hat Huthwaite International herausgefunden, dass es zwei Arten von Bedarf gibt: angedeuteten und ausdrücklichen Bedarf.

Angedeuteter Bedarf

- Ein ANGEDEUTETER BEDARF liegt vor, wenn ein Kunde ein Problem, eine Unzufriedenheit oder eine Schwierigkeit verspürt, für die Ihr Angebot eine Lösung darstellen *könnte*. Der Kunde erkennt, dass die aktuelle Situation nicht mehr zufrieden stellend ist.

Ausdrücklicher Bedarf

- Wenn ein Kunde dagegen einen AUSDRÜCKLICHEN BEDARF äußert, spricht er über konkrete Wünsche, Absichten oder sein Interesse an der vom Verkäufer angebotenen Lösung.

Wieso ist es sinnvoll, zwischen beiden Bedarfsarten zu unterscheiden? Je nach Bedarf nehmen Kunden die Dringlichkeit, etwas ändern zu müssen, unterschiedlich wahr. Im Falle eines ausdrücklichen Bedarfs denkt der Kunde eher daran, aktiv zu werden *(„Ich muss etwas tun!“)* und steht vielleicht schon bei Ihnen im Geschäft oder hat Kontakt zu Ihnen aufgenommen. Natürlich ist hier die Wahrscheinlichkeit größer, dass er kauft, als bei einem lediglich angedeuteten Bedarf *(„Ich bin unzufrieden mit meiner derzeitigen Situation.“)*. Hier aber liegt das Potenzial, das es zu erschließen gilt. Gelingt es Ihnen, einen angedeuteten Bedarf gewissermaßen in Richtung Ihres Angebots zu kanalisieren, den Kunden also davon zu überzeugen, dass Ihre Leistung seiner Unzufriedenheit Abhilfe schaffen kann, wird sein Bedarf ausdrücklich. Dadurch erzielen Sie unter Umständen eine größere Kundenzufriedenheit.

Mit der Befriedigung eines angedeuteten Bedarfs überraschen Sie Ihren Kunden

Hier haben Sie nämlich das Überraschungsmoment auf Ihrer Seite (▶▶ **TIPP 44, 45**). Bei einem aktiv angegangenen, ausdrücklichen Bedarf erwartet Ihr Kunde, eine Lösung zu finden. Helfen Sie ihm aber, eine latente Unzufriedenheit zu beenden, für die er noch gar keine Lösung sieht und anvisiert hat, übertreffen Sie seine Erwartungen und stiften ihm ungleich größeren Nutzen.

SEHEN SIE EINEN BEDARF, AUCH WENN ER NOCH NICHT EXPLIZIT AUSGESPROCHEN WIRD?

Tipp 83 Die Argumentation des Verkaufsgesprächs auf den Kundennutzen abstellen

Das Verkaufsgespräch ist gewissermaßen das Forum, in dem sich der Bedarf des Kunden (▶ **Tipp 6**) und die Leistung eines Anbieters treffen und verhandeln (▶ **Tipp 68**), ob sie zusammenkommen können und wollen. Die vier Phasen des Verkaufsgespräches

- Gesprächseröffnung
- Bedarfsanalyse
- Lösungspräsentation
- Gesprächsabschluss

stellen einen logischen Ablauf dar. Natürlich kann zwischen der Bedarfsanalyse und Lösungspräsentation hin- und hergesprungen werden.

In der Gesprächseröffnung Vertrauen schaffen

Zu Beginn des Kundengesprächs geht es zunächst darum, Vertrauen aufzubauen. Vertrauen ist die Basis jeder Kundenbindung (▶ **Tipp 37**) und hier zählt oft der erste Eindruck, den ein Kunde von einem Verkäufer gewinnt.

Im Rahmen der Eröffnung eines Verkaufsgesprächs können unterschiedliche Elemente beachtet werden:

- Small Talk
- Vorstellung (Verkäufer selbst und Unternehmen)
- Anlass und Ziel des Gesprächs
- Zeitrahmen
- Agenda
- Fragen, ob man Notizen machen darf
- Fragen, ob man Fragen stellen darf

Nicht in jedem Gespräch können sämtliche der hier aufgeführten Punkte abgehandelt werden. Dies wäre oft ein Overkill. Wichtig ist, sich der Situation gemäß zu verhalten und eine vertrauensvolle Atmosphäre zu schaffen. Dies ist natürlich in einem Erstgespräch eine anspruchsvollere Aufgabe als bei einem Kunden, den man schon lange kennt. Dennoch gilt es immer wieder, sich vor dem Gespräch zu überlegen, wie man professionell und gleichzeitig angemessen vorgehen wird.

Eine vertrauensvolle Atmosphäre schaffen

Natürlich kann ein gekonnter Small Talk als „Eisbrecher" dienen. Aber nicht jeder Kunde steht darauf. Hier offensichtlich naheliegende Themen anzusprechen (z.B. wenn ein Kunde sein ganzes Büro voller Modellautos stehen hat) ist nicht besonders originell und wird Sie Ihrem Kunden wahrscheinlich nicht nachhaltig ins Gedächtnis bringen. Achten Sie auch darauf, die Länge des Small Talks an die vorher abgestimmte Gesamtdauer des Gesprächs anzupassen, sodass genug Zeit für die wirklichen Inhalte des Gesprächs zur Verfügung steht.

In der Bedarfsanalyse die individuelle Situation des Kunden nachvollziehen

Wie kann das eigene Angebot im Sinne des Kunden Nutzen stiften?

In der Bedarfsanalyse geht es darum, den möglichen Bedarf (▶ **TIPP 6, 82**), den das Produkt oder der Service decken kann, zu erfassen und das eigene Angebot daraufhin abzuklopfen, wie es im Sinne des Kunden Nutzen stiften kann (▶ **TIPP 19**).

Der Bedarf des Kunden lässt sich über gezielte Fragen herausfiltern (▶ **TIPP 87**). Es gibt einige wenige Kunden, die für sich im Vorhinein klar definiert haben, was sie wollen und wie die Lösung auszusehen hat (▶ **TIPP 82**). Aber selbst dann sind sie in der Regel keine Experten in Bezug auf die vom Verkäufer angebotene Lösung. Durch gezieltes Nachfragen kann der Verkäufer nicht nur Fehleinschätzungen des Kunden leicht herausfinden und aufzeigen, sondern auch die eigene Expertise unter Beweis stellen, sowie den Kunden auf weitere Punkte aufmerksam machen, die es bei der Wahl der Lösung zu beachten gibt.

Typische Fragen zu Beginn der Bedarfsanalyse sind z.B. *„Wie sähe die ideale Lösung für Sie aus?"* oder *„Welche Punkte muss ein strategischer Partner bei Ihnen abdecken?"*

Nicht schon mit der Lösungspräsentation beginnen, obwohl der Bedarf noch nicht erfasst ist

Der hier oft gemachte Kardinalfehler ist, zu früh zur Lösungspräsentation hinzuführen, obwohl der Bedarf des Kunden noch nicht vollständig erfasst und nachvollzogen ist.

Widerstehen Sie also der Versuchung, schon auf der Basis einiger weniger Informationen mit einer Lösung vorzupreschen (*„Ihrem Wunsch entsprechen wir, indem wir..."*), ohne einerseits das aktuelle Problem des Kunden ausreichend verstanden und andererseits überprüft zu haben, welche weiteren Aspekte im Zusammenhang damit zu sehen sind.

Viele Verkäufer neigen dazu, mit einer angebotszentrierten Sichtweise an den Verkauf heranzugehen und sich viel zu schnell in einem Monolog über die Charakteristika ihrer Leistung auszubreiten, ohne ausreichend geprüft zu haben, ob diese wirklich die Lösung für die Probleme des Kunden ist (▶ **TIPP 75**). Nur wenn das Anliegen des Kunden wirklich im

Detail verstanden ist, kann im nächsten Schritt eine Lösung präsentiert werden.

Die Lösungspräsentation auf den Kundennutzen abstellen

Argumentieren Sie mit Blick auf das Problem Ihres Kunden

Bei der Beschreibung des angebotenen Produkts/Service, gilt es zu beachten, dass die Darstellung tatsächlich auf den ermittelten Bedarf des Kunden abgestimmt ist. Argumentieren Sie also mit Blick auf das Problem Ihres Kunden und referieren Sie nicht etwa technische Besonderheiten, die im Grunde nur Experten interessieren.

Um das zu leisten, ist es sinnvoll, drei Phasen der Lösungspräsentation zu unterscheiden (▶ **TIPP 74**):

- PRODUKTFUNKTIONEN UND ANGEBOTSMERKMALE
  Die so genannten FEATURES beschreiben, welche spezifischen Komponenten das Angebot aufweist. Hier wird noch kein Bezug auf den Bedarf des Kunden genommen.
- In einem nächsten Schritt werden ANWENDUNGSKONTEXT UND EINSATZMÖGLICHKEITEN IN DER PRAXIS dargestellt.
- INDIVIDUELLER NUTZEN DES ANGEBOTS (BENEFIT)
  Erst hier erfolgt der Übertrag der Angebotsmerkmale und der allgemeinen Einsatzmöglichkleiten auf das spezifische Problem des Kunden – mit anderen Worten: Hier wird dargestellt, welchen konkreten Nutzen der Kunde aus dem Angebot ziehen kann *(„Für Sie persönlich bedeutet das ...“)*. Die Darstellung des Benefits ist daher der maßgebende Teil der Lösungspräsentation.

Im Gesprächsabschluss verbindliche Absprachen treffen

Nachdem der Kundennutzen aufgezeigt wurde, sollte das Gespräch professionell und zielorientiert abgeschlossen werden. Zunächst ist zu prüfen, ob alle für den Kunden relevanten Punkte geklärt wurden. Falls angemessen, kann in einem nächsten Schritt das Gespräch zusammengefasst werden.

Die letzte Komponente ist die schwierigste: Hier sollte ein Fortschritt erzielt werden, indem für den Kunden verpflichtende Schritte eingeleitet und verabredet werden – z.B. konkret ein neuer Termin vereinbart wird, der Kunde sich bereiterklärt, Informationen zur Verfügung zu stellen oder eine weitere Person mit ins Boot zu holen, die an der Kaufentscheidung mitbeteiligt sein wird. An dieser Stelle gilt es, dass der Verkäufer seinen Kunden verpflichtend in den weiteren Verkaufsprozess

Den Kunden verpflichtend in den weiteren Verkaufsprozess einbinden

einbindet. Gerne drücken wir uns davor, die Frage nach dem Fortschritt zu stellen, weil wir Angst vor einem Nein haben. Doch es ist gut, Klarheit darüber zu bekommen, wenn der Kunde nicht mit uns „fortschreiten" will. So können wir unsere Zeit und Energie dort investieren, wo ein Fortschritt möglich ist.

WIE BEWUSST BEREITEN SIE DIE UNTERSCHIEDLICHEN PHASEN DES VERKAUFSGESPRÄCHS VOR?

Tipp 84 Als Verkäufer sind Sie ein Überzeugungstäter

Der Hebel, um zu verkaufen, ist, Menschen von etwas zu überzeugen

Der Hebel, um zu verkaufen, ist, Menschen von etwas zu überzeugen. Es wird daher immer wieder zu Ihren Aufgaben gehören, sich darüber Gedanken zu machen, wie Sie Menschen konkret vom Nutzen Ihres Angebotes für sie überzeugen können (▶ **TIPP 80**). Dabei kann es sich um ein direktes Gespräch mit einem Kunden (Verkaufsgespräch ▶ **TIPP 83**), ein Gespräch mit einem Lieferanten (Verhandlung ▶ **TIPP 68**) oder die Gestaltung eines Flyers oder einer Annonce (Marketing ▶ **TIPP 54**) handeln. Die Grundprinzipien, die wir Ihnen hier vorstellen, gelten für alle diese Bereiche.

Wir folgen dabei der Rhetorik des antiken Philosophen Aristoteles – klingt etwas angestaubt, hat aber in der Richtigkeit des Vorgehens immer noch Bestand!

Aristoteles baute seine eigene Argumentation nach dem Dreiklang von Logos, Ethos und Pathos auf.

Logos: ein überzeugendes Angebot sollte mit Argumenten und Beweisgründen einhergehen

- LOGOS (gr. Gesetzmäßigkeit, Vernunft) bezieht sich darauf, dass ein überzeugendes Angebot immer eine Folgerichtigkeit und eine Form der Beweisbarkeit beinhalten sollte. Oft erschöpft sich die Argumentation lediglich in Behauptungen: *„Unsere einzigartige Formel leistet ...", „ ... mit reinigender Pflegelotion ..."* Angebote, die mit solchen und ähnlichen Aussagen verkauft werden, sind gewissermaßen reine Glaubensartikel. Kunden können ihnen trauen oder nicht. Wer da besser und genauer sein möchte, sollte seine Thesen (Behauptungen) mit Argumenten (Beweisgründen) stützen. Der Logos wird dann angesprochen, wenn der Interessent nach dem Gespräch erkennt: *„Das ist richtig!"*

- ETHOS (gr. Sitte, Charakter) bezieht sich darauf, dass eine Argumentation auch immer aus der Autorität und Glaubwürdigkeit des Sprechers heraus lebt (▶ **TIPP 16**). Der Zuhörer soll erkennen können, dass Sie authentisch als Person dahinterstehen, dass Sie diese Idee selbst nach außen repräsentieren, und zwar, weil dies zum Vorteil und Nutzen Ihres Kunden gereicht und letztlich in einem weiteren Sinne auch ethisch vertretbar ist. Ihr Kunde ist überzeugt, wenn er sich nach dem Gespräch sagt: *„Das ist gut (für mich)!“*

Ethos: Als Person ehrlich und authentisch rüberkommen

- PATHOS (gr. Leidenschaft) bezieht sich darauf, dass Begeisterung nur entstehen kann, wenn wir unsere Kunden auch emotional erreichen (▶ **TIPP 10**). Wir wissen, dass ein großer Teil von (Kauf-)Entscheidungen „aus dem Bauch heraus“ gefällt wird (▶ **TIPP 64**). So logisch und ethisch Ihre Überzeugungsarbeit auch sein mag, der Kunde möchte auch emotional gepackt werden. Frei nach dem Motto: *„Wer andere entzünden will, muss selber brennen.“* Mit dieser Begeisterung erreichen Sie dann Ihre Zuhörer. Dies ist dann erfüllt, wenn Ihr Interessent nach dem Gespräch empfindet: *„Das ist toll!“*

Pathos: „Wer andere entzünden will, muss selber brennen.“

„Das ist gut; das ist richtig; das ist toll!“ Diesen Dreiklang zu erzeugen, ist ein wesentlicher Teil Ihrer Überzeugungsarbeit. Prüfen Sie doch einfach einmal nach: Wenn Sie Gespräche und Verhandlungen führen, Ihre Werbung konzipieren: Erreichen Sie diese Ziele?

WIE BEWUSST SETZEN SIE DIE DREI GRUNDPRINZIPIEN DER ÜBERZEUGUNG EIN?

Tipp 85 Fragen sind das Mittel der Wahl zur Ermittlung des Kundennutzens

Da sich der Kundennutzen nicht unmittelbar sachlogisch aus den Charakteristiken eines Angebots ableiten lässt, sondern sich erst aus der individuellen Situation des Kunden ergibt (▶ **TIPP 19**), sind gezielte Fragen das wichtigste Instrument zur Ermittlung des Kundennutzens. Eine geschickte Fragetechnik (▶ **TIPP 87**) ist das zentrale Mittel für kundenorientierte Verkaufsgespräche.

Hier eine Übersicht, wozu Fragen im Verkaufsgespräch eingesetzt werden.

Zentral geht es natürlich darum, den Kundenbedarf (▶▶ **TIPP 6, 16**) aufzudecken und sinnvoll auszuweiten.

Kundenbedarf erkennen

- KUNDENBEDARF ERKENNEN: Was ist allgemein die Motivation des Kunden für die Kontaktaufnahme, dieses Gespräch? Wie kam es zu dem Gespräch? Was ist sein Anliegen?

Kundenbedarf wirklich im Detail verstehen

- KUNDENBEDARF WIRKLICH IM DETAIL VERSTEHEN: Nicht selten glauben Verkäufer, das Anliegen des Kunden sofort verstanden zu haben (gerade wenn bestimmte Signalwörter fallen). Allzu oft werden dann voreilig (Lösungs-)Annahmen getroffen, weil vernachlässigt wird, im Detail nachzufragen (▶ **TIPP 75**). Positiver Nebeneffekt, hier genauer nachzufragen, ist, dass sich der Kunde seiner Situation selber bewusst wird und dadurch stärker über mögliche Lösungsschritte (hin zu ihrer Lösung) nachdenkt.

Kundenbedarf ausweiten

- KUNDENBEDARF AUSWEITEN: Bei diesbezüglichen Fragen geht es darum, dass der Kunde einerseits selbst darauf kommt, welche Konsequenzen es nach sich zieht, wenn der suboptimale Status quo nicht geändert wird (▶ **TIPP 6**) und andererseits, welchen (zusätzlichen) Nutzen er haben wird, wenn sein Grundproblem mithilfe Ihrer Leistung gelöst wird.

Es gibt weitere sinnvolle Fragen, die allgemein eine positive Grundstimmung schaffen:

Interesse am Kunden zeigen

- INTERESSE AM KUNDEN ZEIGEN: Durch entsprechende Fragen bauen Sie eine persönliche Beziehung zu Ihrem Kunden auf.

Den Dialog mit dem Kunden in Gang halten

- DEN DIALOG MIT DEM KUNDEN IN GANG HALTEN: Fragen sind der Motor der Kommunikation und halten ein Gespräch in Fluss. Verkäufer sehen sich oft in einer „Bringschuld“, d.h. sie fühlen sich verpflichtet, dem Kunden möglichst viele Informationen über das eigene Produkt / das eigene Unternehmen zu geben. Nicht allzu selten artet dies in einen einseitigen Monolog aus. Durch gezielte Fragen ist es möglich, das Gespräch in eine bestimmte Richtung zu lenken und dem Kunden immer noch genug Raum zu geben.

Den Gesprächsanteil des Verkäufers minimieren

- DEN GESPRÄCHSANTEIL DES VERKÄUFERS MINIMIEREN: Fragen hilft, sich auf den Kunden einzustellen und abzuklären, welche Informationen über Angebot und Unternehmen für ihn relevant sind.

- KUNDEN ZUM NACHDENKEN ANREGEN: In Bezug auf manche Lösungen ist vieles nicht so einfach und eindimensional, wie es sich oberflächlich darstellt. Durch weiterführende Fragen positionieren Sie sich als Experte und verhelfen Ihren Kunden zu einem anderen Blickwinkel.

Kunden zum Nachdenken anregen

NEIGEN SIE IM KUNDENGESPRÄCH ZUM MONOLOGISIEREN ODER LENKEN SIE DEN ABLAUF DURCH GESCHICKTES FRAGEN?

Tipp 86 Die Erfolgswirkung von „offenen Fragen" ist ein Mythos

Offene Fragen sind Fragen, deren Antwort „offen" sein kann, die also einen breiten Freiraum für Antworten bieten und den Gesprächspartner in der Regel zu längeren Antworten veranlassen. In vielen Verkaufsratgebern liest man deshalb, dass es förderlich sei, für den Einstieg in ein Gespräch offene Fragen zu wählen: Der Verkäufer lasse so dem Kunden viel Raum, um seinen Bedarf zu erfragen. Offene Fragen werden auch oft W-Fragen genannt, da sie mit Worten beginnen, die mit einem W anfangen: Wer, wie, was, wo, wann, warum, weshalb. Im Gegensatz dazu sind geschlossene Fragen solche, die mit einem „Ja", einem „Nein" oder einem einzigen Wort beantwortet werden können. Gegen Ende des Gesprächs und um (Kauf-) Entscheidungen einzuleiten, solle man daher geschlossene Fragen stellen – gewissermaßen um „den Sack zuzumachen".

Soweit die Theorie. Sie geht zurück auf den US-Psychologen E.K. Strong, der 1925 über das Verkaufen mit offenen und geschlossenen Fragen geschrieben hat. Die Unterscheidung in offene und geschlossene Fragen lässt sich in fast allen Verkaufstrainingskonzepten wiederfinden.

In Forschungen von Huthwaite International, die untersucht haben, inwiefern sich das Verhalten erfolgreicher Verkäufer von dem weniger erfolgreicher unterscheidet, wurde auch die Wirkung der beiden Fragetypen im Verkaufsgespräch unter die Lupe genommen.

Das erste überraschende Forschungsergebnis war, dass 60 Prozent der geschlossenen Fragen von Kunden mit mehr als einem Wort beantwortet wurden. Offensichtlich ließen sich die Kunden durch geschlossene Fragen also nicht in einen Zielkorridor führen. Sie haben eine differenzierte Meinung, die Sie auch kundtun möchten. Unter Umständen sind geschlossene Fragen auch kontraproduktiv, da sie wenig kundenorientiert, sondern einengend und im Falle von Suggestivfragen („*Meinen Sie nicht auch, dass …*“) sogar als manipulativ empfunden werden können.

Kein Zusammenhang zwischen dem Erfolg eines Verkaufsgesprächs und der Anzahl bzw. dem Verhältnis von offenen zu geschlossenen Fragen

Weitere Untersuchungen haben gezeigt, dass es keinerlei Zusammenhang zwischen dem Erfolg eines Verkaufsgesprächs und der Anzahl bzw. dem Verhältnis von offenen zu geschlossenen Fragen gibt.

Unsere Empfehlung ist daher: Wenn die Verwendung geschlossener und offener Fragen nachgewiesenermaßen nicht die Auswirkung auf den Gesprächsverlauf hat, die ihr gewöhnlich zugeschrieben wird, halten Sie sich nicht mit der Form Ihrer Fragen auf, sondern legen Sie vielmehr Wert auf den Inhalt Ihrer Fragen. Stellen Sie einfach gezielte Fragen, um den Bedarf Ihres Kunden zu ermitteln (▶▶ **TIPP 85, 87**).

WIE VIEL WERT LEGEN SIE IM VERKAUFSGESPRÄCH AUF DIE UNTERSCHEIDUNG VON OFFENEN UND GESCHLOSSENEN FRAGEN?

Tipp 87 Überführen Sie angedeuteten Bedarf durch Fragen in ausdrücklichen Bedarf

Das Hauptanliegen eines Verkäufers, in einem Verkaufsgespräch Fragen zu stellen, ist, den Kundenbedarf (▶ **TIPP 6**) herauszufinden.

Um hier wirksam auf die aktuelle Befindlichkeit Ihres Kunden eingehen zu können, sollten Sie beachten, dass Ihr Kunde seinen Bedarf

Kundenbedarf kann sich als Problembewusstsein oder schon in Form einer angestrebten Lösung darstellen

- entweder noch ganz unspezifisch als Unzufriedenheit mit der aktuellen Situation oder als Problem wahrnimmt (ANGEDEUTETER BEDARF)
- oder schon die mehr oder weniger konkrete Vorstellung von einer möglichen Lösung hat (AUSDRÜCKLICHER BEDARF).

Es ist sinnvoll, in Ihrer Argumentation und Fragetechnik auf diese beiden sich unterschiedlich darstellenden Bedarfsarten (▶ **TIPP 82**) einzugehen.

Überführen Sie angedeuteten in ausdrücklichen Bedarf

Ein Kunde mit angedeutetem Bedarf muss in der Regel noch für sein Problem sensibilisiert werden. Er braucht den Experten, der ihm mögliche Lösungsansätze aufzeigt. Der Kunde mit ausdrücklichem Bedarf ist da schon weiter.

Nur wenn Ihrem Kunden der eigene Bedarf ganz klar ist, er also einen ausdrücklichen Bedarf formulieren kann, können Sie den Nutzen Ihrer Lösung aufzeigen und so Begeisterung wecken. Oft reicht dazu schon, den latent angedeuteten in einen expliziten Bedarf zu überführen; denn jetzt weiß Ihr Kunde endlich, wie sein Problem gelagert ist und wo sich ihm mögliche Lösungen eröffnen.

Mit folgenden Fragen können Sie Ihre Bedarfsanalyse gezielt steuern, ohne Ihren Kunden dabei zu manipulieren.

Situationsfragen nach den betrieblichen Gegebenheiten und der geschäftlichen Situation des Kunden	*„Wie viele Mitarbeiter beschäftigen Sie?"* *„Welches Betriebssystem verwenden Sie?"*
Problemfragen nach Schwierigkeiten, Unzufriedenheiten oder Problemen des Kunden mit der gegenwärtigen Situation	*„Sind Sie mit dieser Maschine zufrieden?"* *„Was tun Sie, wenn Ihre Anlage ausfällt?"*
Implikationsfragen nach den Folgen und Auswirkungen (Implikationen) der Probleme des Kunden	*„Wie viel kostet Sie dieses Problem?"* *„Wie wirkt sich das auf Ihr Geschäft aus?"*
Nützlichkeitsfragen die auf ausdrücklichen Bedarf abzielen, indem Sie die Nützlichkeit oder Bedeutung einer Problemlösung für den Kunden erfragen	*„Würde es Ihnen helfen, wenn...?"* *„Wie nützlich wäre es für Sie, wenn Sie ... könnten?"* *„Wie könnte Ihnen das sonst noch helfen ...?"*

Tatsächlich ist es sinnvoll, in einem Verkaufsgespräch zunächst die gesamte Situation, den Kontext des Kunden zu verstehen, bevor Sie nach Problemen fragen, die Ihre Lösung aus dem Weg räumen kann (angedeuteter Bedarf). Erst danach ist es möglich, mithilfe von Implikationsfragen die gesamten Auswirkungen der Probleme zu ermitteln, um dem Kunden bewusst zu machen, dass es an der Zeit ist, über eine Veränderung nachzudenken. Die Kür ist es dann, den Kunden durch Nützlichkeitsfragen dazu zu bringen, dass er selbst über den Wert und Nutzen der Lösung spricht, also einen ausdrücklichen Bedarf äußert. Dennoch sind diese Fragen kein starres Konzept, sondern ein logisches Rahmenwerk.

Ziel ist es, dass Ihr Kunde einen ausdrücklichen Bedarf formuliert

KANALISIEREN SIE DURCH IHRE FRAGEN LATENTEN, ANGEDEUTETEN BEDARF IN EXPLIZITEN, AUSDRÜCKLICHEN BEDARF?

Tipp 88 Schaffen Sie Kontakt, indem Sie aktiv zuhören

Fragen sind das bekannte zentrale Instrument im Kundengespräch, um einen Dialog aufzubauen und den Bedarf (▶ **TIPP 6**) des Kunden zu erkennen, um diesen schließlich decken zu können. (▶ **TIPP 87**).

Fragen zu stellen, bringt nur dann etwas, wenn der Verkäufer dem Kunden im Anschluss auch zuhört

Fragen zu stellen, bringt jedoch nur dann etwas, wenn der Verkäufer dem Kunden im Anschluss auch zuhört. Das gilt übrigens sowohl im Verkaufsprozess, als auch danach im Rahmen der Umsetzung der Lösung sowie der Kundenpflege. Vielleicht ist das wirkliche Zuhören die größte Herausforderung schlechthin für einen Verkäufer. Die Grundeinstellung, den Gesprächspartner wirklich verstehen zu wollen, hilft, richtig zuzuhören (und auch, ausreichend weiterführende Fragen zu stellen).

In unseren Coachings, bei denen wir Verkäufer bei ihren Kundenbesuchen begleiten, stellen wir immer wieder fest, dass gute Fragen oft keine Wirkung entfalten können, da dem Kunden nicht ausreichend Möglichkeit gegeben wird, sie auch zu beantworten: Entweder stellt der Verkäufer mehrere Fragen hintereinander oder er beantwortet die gestellte(n) Frage(n) selbst.

Je sinnvoller die Frage, desto mehr Zeit braucht Ihr Kunde

Dies hat nicht unbedingt nur etwas mit dem hohen Gesprächstempo des Verkäufers zu tun, sondern auch damit, dass der Kunde einfach Zeit braucht, eine Frage zu beantworten. Je sinnvoller die Frage, desto mehr Zeit. Der Moment, in dem der Kunde nachdenkt und deshalb ruhig ist, wird von vielen als unangenehm wahrgenommen und deshalb mit einer weiteren Frage oder der Antwort auf die eigene Frage gefüllt.

Ist ein Kunde gewonnen, so gilt im Betreuungsprozess genau das Gleiche: richtig zuhören. Dies beinhaltet nicht nur, dem anderen zu hören, sondern auch zu verstehen.

Dem Gesprächspartner signalisieren, dass wir ihn verstanden haben

Wir hören dann aktiv zu, wenn wir unserem Gesprächspartner auch deutlich signalisieren, dass wir ihn verstanden haben, und zwar, indem wir:

- Ergebnisse zusammenfassen
- Verständnisquittungen geben (mit eigenen Worten wiederholen)
- Nonverbal bestätigen, dass wir folgen, und zwar durch Augenkontakt, Kopfnicken, einen interessierten Gesichtsausdruck und die entsprechende Körperhaltung
- Notizen machen
- Nachfragen, um tiefer zu verstehen

Wir hören nicht aktiv zu, wenn wir

- im Vorhinein schon zu wissen glauben, was die Antwort sein wird
- davon ausgehen, dass wir die gesamte Situation und den Bedarf eines langjährigen Kunden längst kennen
- den Kunden unterbrechen und eine Lösung vorschlagen
- gestresst auf die Uhr schauen
- nicht auf den Gesprächspartner eingehen
- an den nächsten Termin denken

Hören Sie wirklich aktiv zu und lassen Ihrem Kunden genügend Zeit zu antworten?

Tipp 89 Full Service – Errichten Sie hohe Wechselbarrieren

Je zufriedener oder noch besser begeisterter (▶ **Tipp 10**) Ihr Kunde mit Ihrem Angebot und Ihrer Leistung ist, desto weniger wird er die Neigung verspüren, zur Konkurrenz zu wechseln. Doch nicht nur Ihre Leistung verhindert den Wechsel, auch die Macht der Gewohnheit bindet Ihren Kunden. Er hat sich be-

Der Wechsel zu einem anderen Anbieter verursacht Wechselkosten

quem bei Ihnen eingerichtet und kennt Ansprechpartner und Abläufe. Ein Wechsel würde ihm also Mühe bereiten, ihm so genannte Wechselkosten verursachen.

Besonders im Falle von Full-Service-Angeboten ist das zu beobachten: Ein Kunde bekommt ein umfangreiches Servicepaket aus einer Hand, das einen großen Bedarf bei ihm abdeckt. Da er die meisten seiner Prozesse darauf abgestellt hat, ist der Wechsel zu einem anderen Anbieter kosten- und ressourcenintensiv; der Kunde muss hohe Wechselbarrieren überwinden. Je mehr Komfort und Bequemlichkeit, auf neudeutsch Convenience, ein Kunde genießt, desto höher auch die Bindung an den Anbieter.

Beispielsweise bietet Apple den Käufern seines MP3-Players IPod einen hohen Komfort durch seine intuitiv zu bedienende Benutzeroberfläche und das Programm ITunes, das Musikverwaltung und Onlineshop in einem ist. Aber das alles nur innerhalb der Apple-Welt. Schnittstellen zu anderen Anbietern und deren Programmen sind nicht vorgesehen.

Folgende Wechselbarrieren werden unterschieden:

Psychologische Wechselbarrieren binden Ihren Kunden, ohne ihn zu fesseln.

- Psychologische Wechselbarrieren zu errichten ist der Königsweg der Kundenbindung, da Sie so Ihren Kunden binden, ohne ihn zu fesseln. Reibungslos und angenehm verlaufende Kontakte, wirklich passgenau geschneiderte Lösungen, aber auch ein den Kunden begeisterndes Markenimage (▸ **Tipp 55**) schaffen emotionale Bindungen, die Kunden so leicht nicht aufgeben.
- In Bezug auf ökonomische Wechselbarrieren verursacht ein Anbieterwechsel bestimmte Kosten. Beispielsweise, wenn eine Produktion auf die Maschinen eines anderen Anbieters umgestellt wird oder Mitarbeiter auf eine andere Software hin geschult werden müssen. Auch gesammelte Bonuspunkte oder mit Kundenkarten verbundene Rechte, die nicht auf einen anderen Anbieter übertragbar sind, können ökonomische Wechselbarrieren sein.
- Technologische Wechselbarrieren stellen beispielsweise Schnittstellen dar, die verhindern, dass ein Produkt mit dem Erzeugnis eines andern Anbieters kompatibel ist. Wir alle kennen die im Grunde spottbilligen Druckerkisten, die die Hersteller fast verschenken, um die Kunden dann mit den teuren Druckerpatronen zu binden. Will der Kunde auf

andere Patronen umsteigen, muss er auch gleich einen neuen Drucker kaufen und einrichten.
- Eine RECHTLICHE WECHSELBARRIERE schließlich ist beispielsweise die Koppelung eines Handys an bestimmte Vertragslaufzeiten.

Haben Sie für Ihre Kunden hohe Wechselbarrieren errichtet, werden sie in Bezug auf Mängel in unwichtigen Bereichen eine hohe Leidensfähigkeit zeigen, relativ preisresistent sein und erst dann einen Wechsel erwägen, wenn im Bereich Ihrer Kernkompetenz etwas dauerhaft schiefläuft.

Kunden, die hohe Wechselbarrieren haben, sind relativ preisresistent

SORGEN SIE DAFÜR, DASS IHRE KUNDEN ETWAS ZU VERLIEREN HABEN?

Tipp 90 Überzeugen Sie als Person auch auf emotionaler Ebene

Ein Überzeugungsgespräch (▶ **TIPP 80**) lebt selbstverständlich von seinem Inhalt, dem Produkt, den Auswirkungen für den Kunden; kurz, von dem Nutzen, den es vermittelt.

Darüber hinaus gibt es aber noch einen anderen Teil des Gespräches, den es zu berücksichtigen gilt. Wer überzeugt werden soll, der will auch emotional überzeugt werden. Und dies geschieht eben nicht nur über die vermittelten Vorteile und den Nutzen, sondern vor allem über die persönliche Wirkung, die der Verkäufer erzeugt.

Wer überzeugt werden soll, der will auch emotional überzeugt werden

Wie Menschen auf andere Menschen wirken, hat Albert Mehrabian, ehemaliger Professor an der University of California, erforscht. Er geht davon aus, dass Kommunikation über drei unterschiedliche Ebenen wirkt.

Zum einen natürlich über den zu transportierenden Inhalt, also unsere Botschaft, das Produkt, den Nutzen, das, was wir tatsächlich sagen und was es bedeutet.

Die zweite Ebene ist die Körpersprache. Sie begleitet jedes Wort, das wir sagen, jeden Satz, den wir formulieren. Sie unterstützt das Gesagte für Ihr Gegenüber bildlich. Zur Körpersprache gehören Gestik, Mimik, Körperhaltung, Blickkontakt, Habitus etc.

Die dritte Ebene nennt Mehrabian Paralinguistik, also „Nebensprachlichkeit“. Er meint damit all die Begleitumstände des Sprechens, die durch den Sprecher erzeugt werden; dazu gehören: Sprachmelodie, Tonalität, Betonung, Lautstärke, Dialekt usw.

Wenn man bedenkt, dass der Inhalt einer Kommunikation lediglich einen Anteil von zirka sieben Prozent an deren Wirkung ausmacht, die Paralinguistik dagegen aber etwa 38 und die Körpersprache ganze 55 Prozent, wird klar, wie wichtig die persönliche Wirkung des Verkäufers ist.

Zusätzlich zur Ansprache der Vernunft, des Logos (▶ **Tipp 84**), sollten Sie nicht vernachlässigen, als Person über Ihre sprachlichen Eigenheiten und Ihre Körpersprache ganz gewichtig auf Ihren Kunden einwirken. Die beste Nutzen-Argumentation nutzt nichts, wenn Sie Ihren Kunden nicht auch körpersprachlich und paralinguistisch erreichen (siehe Stichwort Pathos in ▶ **Tipp 84**). Sie wissen doch: *„Wer andere entzünden will, muss selber brennen."*

Erst wenn Sie neben einer guten Nutzen-Argumentation durch Ihr authentisches Auftreten als Person noch eine „Aufbruchstimmung" erzeugen, kann es Ihnen gelingen, Ihren Kunden zu begeistern und die Sache für ihn richtig rund zu machen.

> *Wie mitreissend sind Sie Sie selbst, beziehungsweise Ihre Verkäufer und Servicemitarbeiter?*

Tipp 91 Binden Sie Ihre Kunden im Verkaufsgespräch aktiv ein

Eine Information, die lediglich gehört wird, bleibt nicht lange im Gedächtnis

„Ein Bild sagt mehr als tausend Worte." Damit ist fast alles gesagt. Menschen sind Augentiere und nehmen ihre Umwelt überwiegend durch das Sehen wahr. Etwa 78 Prozent unserer Informationen erreichen unser Gehirn über den visuellen Kanal. Für die anderen Sinne bleibt somit nicht mehr viel übrig: Zirka 13 Prozent fallen auf das Hören und etwa je drei Prozent auf Tasten, Riechen und Schmecken. Soviel zur durchschnittlichen Verteilung.

Auch Ihr Kunde nimmt also wesentlich mehr Informationen über das Sehen wahr als über das Hören – und wie führen manche Verkäufer ihre Verkaufsgespräche? Es steckt ja bereits im Wort: Sie sprechen – ausschließlich. Viel zu selten werden Bilder zur Unterstützung der Verkaufsinformationen eingesetzt. Und viel zu oft wird dadurch eine wichtige Form des Überzeugens außer Acht gelassen. Aus der Pädagogik wissen wir, in welcher Qualität Menschen dargebrachte Informationen speichern.

Aktivität	Qualität der Gedächtnisleistung
lesen	10 Prozent
hören	20 Prozent
sehen	30 Prozent
sehen und hören	50 Prozent
selbst erklären	80 Prozent
selbst ausführen	90 Prozent

Aus dieser Tabelle können wir sehr schön ableiten, dass eine Broschüre nur wenig Wirkung erzielt, eine lediglich gesprochene Information auch nicht viel besser ist, eine zusätzlich mit Bildern unterlegte Information schon einen viel höheren Wirkungsgrad erzeugt und eine, sozusagen, selbst erarbeitete Information (selbst ausführen) einen hohen Behaltensgrad mit sich bringt. Dazu kommt noch, dass ein Bild eine höhere Glaubwürdigkeit besitzt als ein gesprochenes Wort („*Das habe ich selbst gesehen!*“).

Für Sie als Verkäufer bedeutet dies, dass Sie Ihren Kunden viel mehr zu sehen und zu tun geben sollten, als Sie jetzt bereits tun. Zeigen Sie Bilder, Grafiken, Explosionszeichnungen, aber auch Berichte, Gutachten usw. Geben Sie ihm Warenmuster und Proben an die Hand, damit er Ihre Argumente mit eigenen Erfahrungen untermauern kann.

Unterstützen Sie Ihre Argumente durch Skizzen und Cartoons

Und dann können Sie auch noch das PENCIL SELLING anwenden, das Verkaufen mit dem Stift. Zusätzlich zu Ihren Argumentes skizzieren Sie etwas auf einem Blatt Papier. Sie selbst bestimmen hier, was wie dargelegt wird. Dies kann ein Zeitstrahl sein, auf dem Sie bestimmte Haltepunkte abtragen, eine kleine Skizze, ein Cartoon oder was immer Ihnen einfällt. Auch wenn Sie zunächst etwas üben müssen, wirkt dass immer sehr spontan und kreativ.

WELCHE ARGUMENTE ODER HALTEPUNKTE IHRES GESPRÄCHES KÖNNEN SIE VISUELL UNTERSTÜTZEN?

Tipp 92 Nutzenargumentation: Stellen Sie Ihre eigenen Kenntnisse zunächst zurück

Sie bringen nur dann ein Nutzenargument vor, wenn Ihre Lösung exakt dem ausdrücklichen Bedarf Ihres Kunden entspricht (▶ **Tipp 82**). Um dies leisten zu können, müssen Sie den Kundenbedarf (▶ **Tipp 6**) aufgedeckt und entwickelt haben. So leicht dies in der Theorie auch nachzuvollziehen ist, bleibt es in der Praxis dennoch eine ständige Herausforderung.

Viele Verkäufer fürchten, ihr Licht als Experten unter den Scheffel zu stellen, wenn sie nicht ihr komplettes Leistungspotenzial beschreiben

Rein faktisch gesehen kommt es nämlich vielen Verkäufern so vor, als würden sie als Experten ihr Licht unter den Scheffel stellen und das Pferd von hinten aufzäumen, wenn sie ihre Lösung erst präsentieren, nachdem sie den Kundenbedarf ermittelt haben (▶ **Tipp 75**). Und selbst, wenn dies gelungen ist, sehen das viele wie einen Startschuss, um nun doch im Detail über das eigene Unternehmen und Angebot zu referieren und damit leider oft am Kunden „vorbei" zu reden.

Natürlich sollte ein Verkäufer sich als kompetent erweisen. Es ist jedoch kontraproduktiv, wenn er seinen Kunden gewissermaßen mit seiner Expertise erschlägt. Denn eine Lösung ist für einen Kunden nicht als solche interessant, sondern immer nur, wenn sie eine exakte Antwort auf seine individuelle Situation bietet.

Zunächst nur auf die Bedarfspunkte eingehen, die der Kunde geäußert hat

Nicht in diese Falle zu tappen fällt dann leichter, wenn der Verkäufer wirklich nur auf die Bedarfspunkte eingeht, die der Kunde geäußert hat. Hilfestellung und Leitfaden dafür kann sein, seine Nutzenargumentation immer so zu beginnen, dass zunächst der ausdrückliche Bedarf des Kunden mit eigenen Worten wiederholt wird: *„Sie haben gesagt, dass Ihnen schnelle Lieferzeiten wichtig sind. Unsere Lieferbindungen sind so, dass Sie die Ware zwei Tage nach Bestellung erhalten."* Auf diese Weise wird der Kunde in die Nutzenargumentation hineingezogen und zum Zuhören motiviert.

Erst wenn alle entsprechenden Punkte behandelt sind, kann der Verkäufer als Experte die Argumentation auf Hintergründe und Zusammenhänge ausweiten, die dem Kunden so noch nicht klar waren.

Welche Argumente oder Haltepunkte Ihres Gespräches können Sie visuell unterstützen?

Tipp 93 Ein Einwand bedeutet: Ich habe grundsätzlich Interesse an Ihrem Angebot

Ein Einwand ist ein Grund, den ein Kunde nennt, warum er (noch) nicht kaufen möchte oder vom dargestellten Produkt- oder Serviceangebot (noch) nicht überzeugt ist.

Unterscheiden Sie zwischen Einwänden und Vorwänden

Viele Einwände sind im Grunde lediglich Vorwände und werden aus taktischen Gründen geäußert: klassischerweise um den Preis zu drücken oder eine Ablehnung nicht auf eine persönliche Ebene zu bringen. Ein Vorwand ist also eine Ausrede.

Ein echter Einwand ist dagegen ein ernsthaftes Bedenken, das ein Interessent äußert, warum er das Angebot eines Verkäufers nicht für die beste Entscheidung hält.

Ein Einwand ist also zunächst ein „Nein" des Kunden bezüglich unserer Lösung. Übliche Einwände sind:

- *„Der Preis ist zu hoch."*
- *„Die Lieferfristen sind zu lang."*
- *„Die Konkurrenz kann das besser."*
- *„Ich habe schlechte Erfahrungen mit Ihrem Unternehmen gemacht."*
- *„Ich bin mir nicht sicher, dass das auch tatsächlich funktioniert."*

Warum sollten uns solche Aussagen, also Einwände, willkommen sein?

Zunächst einmal hilft an dieser Stelle das Wissen, dass ein erstes „Nein" nicht immer auch ein definitives „Nein" bleiben muss. Ein Einwand kann einfach ein Signal sein, mit dem unser Kunde beispielsweise zum Ausdruck bringt:

- *„Ich setze mich mit deinem Produkt auseinander, habe jedoch noch Zweifel."*
- *„Gib mir noch Zeit, mich zu entscheiden."*
- *„Ich brauche noch ein weiteres Nutzenargument, um mich definitiv für dein Produkt entscheiden zu können."*
- *„Hilf mir, mich für dein Produkt zu entscheiden. Ich bin noch nicht ganz überzeugt."*

Ein Einwand bietet Ihnen Gelegenheit, Ihre Kompetenz gezielt unter Beweis zu stellen.

Einwände bieten einem Verkäufer „Stoff", mit dem er arbeiten kann. Äußern Einkäufer oder Kunden weder Einwände noch Zustimmung, laufen Verkäufer Gefahr, sich in einer wortreichen Argumentation zu verzetteln, um eine Reaktion des Kunden hervorzurufen. Ein Einwand dagegen bietet Ihnen Gelegenheit, Ihre Kompetenz gezielt unter Beweis zu stellen.

Die Zweifel Ihres Kunden machen Ihnen deutlich, wo Sie entweder seinen Bedarf nicht genau erkannt oder aber Ihre Nutzenargumentation nicht exakt auf diesen Bedarf zugeschnitten haben.

VERSTEHEN SIE EINWÄNDE ALS KRITIK AN IHRER LEISTUNG ODER ALS AUFFORDERUNG, SICH NOCH MEHR UM DEN BEDARF IHRES KUNDEN ZU KÜMMERN?

Tipp 94 Gehen Sie mit Einwänden besonnen um

Wenn ein Kunde einen Einwand äußert, kann das grundsätzlich zwei Gründe haben:

Ihr Kunde hat den Nutzen Ihrer Leistung noch nicht erkannt

- Ihr Kunde hat den Nutzen bzw. den Wert (▶ **TIPP 19**)(noch) nicht erkannt, der ihm durch den Erwerb der von Ihnen angebotenen Lösung geboten wird.

  Hier liegt nahe, dass Sie entweder in der Gesprächsphase der Bedarfsanalyse (▶ **TIPP 83**) den Bedarf des Kunden nicht ausreichend ermittelt und ausgeweitet haben oder Ihr Kunde keinen ausdrücklichen, sondern lediglich einen angedeuteten Bedarf hat (▶ **TIPP 82**), also sich im Grunde über sein Problem selbst noch nicht ganz im Klaren ist.

  Statt mit Nachdruck die Leistung von Produktfeatures herauszustellen, ist an dieser Stelle geboten, nochmals in die Phase der Bedarfsanalyse zurückgehen.

Ihr Kunde ist (noch) nicht davon überzeugt, dass Ihre Lösung seinen Bedarf tatsächlich deckt

- Ihr Kunde ist (noch) nicht davon überzeugt, dass Ihre Lösung seinen Bedarf tatsächlich deckt. Mit anderen Worten: Er bezweifelt, dass Ihre Lösung leistet, was er braucht.

  Sind die Zweifel Ihres Kunden berechtigt, sollten Sie das ehrlich einräumen, und können dann noch versuchen, den Bedarf Ihres Kunden für einen Bereich zu entwickeln, den Ihr Angebot abdecken kann.

  Sind die Zweifel Ihres Kunden nicht berechtigt, d.h., leistet Ihr Angebot, was der Kunde braucht, gilt es, ihm das beispielsweise mithilfe von Erklärungen, Tests, Demonstrationen, Fallstudien und Referenzbesuchen unter Beweis zu stellen.

Egal, um welche Art von Einwand es sich handelt: Es gilt, seine Behandlung kommunikativ geschickt in das Gespräch zu integrieren. Weil viele Verkäufer einen Einwand oft auch als persönlichen Angriff oder Abweisung verstehen, fällt das nicht immer leicht. Wir empfehlen folgenden Ansatz:

Widersprechen Sie Ihrem Kunden nicht direkt.

Gehen wir unmittelbar in den Widerspruch, fühlt sich unser Kunde nicht wahrgenommen und verstanden

Gehen wir unmittelbar in den Widerspruch (auch wenn dies faktisch manchmal gerechtfertigt wäre), so fühlt sich unser Kunde nicht wahrgenommen und verstanden. Es geht an dieser Stelle nicht darum, zu beweisen, dass wir Recht haben, sondern darum, zunächst die kommunikative Ebene beizubehalten oder auch herzustellen, auf der unser Kunde offen für unsere Argumentation ist. Wenn möglich, sollte man dem Kunden zeigen, dass man ihn gehört und verstanden hat, in dem man beispielsweise den Einwand in einer positiven Form wiederholt. Zum Beispiel:

- Kundeneinwand: *„Die Lieferfristen sind mir zu lange."*
- Verkäufer: *„Schön zu hören, dass Sie das Produkt schneller haben wollen."*

Zerstören Sie die so geschaffene konstruktive Atmosphäre nicht, indem Sie dann mit einem „aber" fortfahren. Ein „aber" lässt sich immer durch ein „und" ersetzen. Alternativ kann man auch mit einem neuen Satz beginnen.

Versuchen Sie, den Einwand ganz genau zu verstehen.

Stellen Sie Ihrem Kunden lösungsorientierte und keine problemorientierten Fragen

Stellen Sie Ihrem Kunden dazu lösungsorientierte und keine problemorientierten Fragen. Im Anschluss an obiges Beispiel wäre eine lösungsorientierte Frage: *„An welche Lieferfristen hatten Sie denn gedacht?"*

Fragen wir dagegen problemorientiert: *„Warum ist Ihnen denn das wichtig?"*, laufen wir Gefahr, dass sich unser Kunde auf einen frühen Liefertermin – den wir ihm nicht bieten können – versteift, statt gemeinsam mit uns nach einem Kompromiss zu suchen.

REAGIEREN SIE SPONTAN UND ABWEHREND AUF EINWÄNDE ODER VERSUCHEN SIE, SICH ERNEUT AM BEDARF DES KUNDEN ZU ORIENTIEREN?

Tipp 95 Geben Sie Ihren Kunden keine Chance für Einwände

Überzeugte Kunden äußern keine Einwände

Kunden bringen Einwände vor, wenn sie von der angebotenen Lösung (noch) nicht überzeugt sind. Im Umkehrschluss bedeutet das: Überzeugte Kunden äußern keine Einwände. Und Kunden sind überzeugt, wenn sie den Nutzen eines Angebotes für sich klar erkennen.

Um Einwände zu vermeiden, muss ein Verkäufer also sein Angebot von Anfang an so entwickeln und darstellen, dass der Kunde Nutzen und Wert für sich erkennt. Dies setzt voraus, dass der Verkäufer zunächst den Kunden in den Fokus stellt, bevor er überhaupt darüber nachdenkt, sein Unternehmen und Angebot vorzustellen. Dies fällt aber bekanntlich schwer, da Verkäufer

- sich sicherer fühlen, wenn sie sich auf bekanntem Terrain bewegen, also über ihre Leistung sprechen und
- automatisch davon ausgehen, dass der Kunde sich für Ihre Leistung als solche interessiert – schließlich wäre es doch sonst gar nicht zu diesem Kundengespräch gekommen.

Hier über den eigenen Schatten zu springen und seine Leistung nicht zu früh ins Spiel zu bringen, ist nicht nur die Voraussetzung dafür, den Bedarf des Kunden wirklich nachzuvollziehen, sondern bietet auch die besten Chancen dafür, schon von vornherein Einwände zu vermeiden (▶▶ **Tipp 83, 92**).

Die in die Bedarfsanalyse investierte Zeit wird durch eine reduzierte Anzahl an Einwänden im späteren Verlauf des Verkaufsgesprächs mit Sicherheit wieder eingespart.

Je teurer und komplexer ein Angebot ist, desto wichtiger ist es, dass ein Verkäufer konsequent den Kundenbedarf ermittelt und ausweitet, bevor die Lösung präsentiert wird. Nur so können Einwände vermieden werden.

Wie schnell springen Sie im Verkaufsgespräch zur Präsentation Ihrer Lösung?

Tipp 96 Ein Einwand ist kein persönlicher Angriff

Als Verkäufer sind wir sehr exponiert und nicht jeden Tag gleich souverän, sondern auch schon einmal etwas dünnhäutiger.

Gerade an solchen Tagen kann es passieren, dass wir einen im Grunde neutral gemeinten Einwand als Angriff auf unsere Person oder als Missachtung unseres Angebots verstehen. Und die intuitive Reaktion auf einen Angriff ist die Verteidigung. In dem Glauben, uns und unsere Expertise legitimieren zu müssen, fokussieren wir uns dann mit Nachdruck auf die Darstellung und Argumentation unserer Lösung und bringen damit zum Ausdruck, dass die Meinung des Kunden momentan nicht relevant ist und dass es zu einer Störung auf der Beziehungsebene gekommen ist (▶ **TIPP 94**).

Oft werden auch einfache Fragen als Einwand interpretiert. Ein „*Können Sie innerhalb von 24 Stunden liefern?*" wird dann dahingehend verstanden, als hätte der Kunde bezweifelt, dass wir innerhalb von 24 Stunden liefern könnten. Sehen wir hier unser Kompetenz infrage gestellt, wird unsere Antwort sehr viel weitschweifiger und umständlicher ausfallen als nötig.

Oft werden einfache Fragen als Einwand interpretiert

Voraussetzung, in solchen Fällen gelassen und souverän zu agieren, ist, das Tempo aus einem Gespräch herauszunehmen, um sich wirklich auf den Einwand einlassen zu können.

> *SIND SIE AUCH AN SCHLECHTEN TAGEN SOUVERÄN GENUG, EINEN EINWAND NICHT VORSCHNELL ALS PERSÖNLICHEN ANGRIFF ZU WERTEN?*

Tipp 97 Nicht alle Einwände werden auch explizit ausgesprochen

Auch wenn die Gesprächsatmosphäre zwischen Verkäufer und Kunden offen und kollegial ist, so ist doch nicht davon auszugehen, dass ein Kunde tatsächlich sämtliche Bedenken anspricht. Manchmal kann er seine Zweifel gar nicht in Worte fassen, es ist vielleicht mehr ein Gefühl, oder er möchte dem Verkäufer nicht zu nahe treten. Auch gibt es Einwände, die nicht sofort ausgeräumt werden können, sodass der Kunde sich entscheidet, sie erst einmal nicht zu nennen. Oft werden hier dann Vorwände vorgeschoben, um ein Angebot abzulehnen, die mit den eigentlichen Bedenken nichts zu tun haben.

Solche unausgesprochenen Einwände belasten ein Verkaufsgespräch und können es letztlich auch scheitern lassen. Besteht ein starkes Vertrauensverhältnis, kann der Verkäufer

Unausgesprochene Einwände belasten ein Verkaufsgespräch und können es letztlich auch scheitern lassen

die dahinterliegenden wahren Gründe durch geschicktes Fragen in Erfahrung bringen. Es sollte jedoch nicht davon ausgegangen werden, dass der Kunde sich wirklich aus der Reserve locken lassen wird.

Einige der Bedenken, die in der Regel unausgesprochen bleiben, sind:

- *„Stimmt das, was er sagt?"*
- *„Kann ich ihm wirklich vertrauen?"* (▶ **TIPP 37**)
- *„Ist die Qualität tatsächlich so gut?"*
- *„Ist das Angebot nicht doch zu teuer?"*
- *„Werden die Versprechen wirklich eingehalten?"*
- *„Hat er tatsächlich so viel Erfahrung, wie er behauptet?"*
- *„Die Leistung ist wahrscheinlich in Ordnung, aber kann ich mich auch auf den Service verlassen?"*

Diese Bedenken mit in die Gesprächsvorbereitung hineinzunehmen und sich zu fragen, welcher Art die möglichen unausgesprochenen Einwände des Kunden sein könnten, hilft, die entsprechenden Punkte proaktiv anzusprechen (▶ **TIPP 81**).

ANTIZIPIEREN SIE EINWÄNDE, DIE MÖGLICHERWEISE NICHT GEÄUSSERT WERDEN IN IHRER GESPRÄCHSVORBEREITUNG?

Tipp 98 Fragen Sie im Verkaufsgespräch aktiv nach Empfehlungen

Empfehlungen sind ein wirkungsvolles Marketinginstrument, das völlig kostenlos ist

Empfehlungen sind ein wirkungsvolles Marketinginstrument, das zudem noch völlig kostenlos ist (▶ **TIPP 57**).

In der Praxis spielt die Psyche des Empfehlungsgebers eine große Rolle. Sie kennen es ja aus eigener Erfahrung, auch Sie sind sicher schon einmal nach einer Empfehlung gefragt worden. Einerseits fühlt man sich vielleicht geschmeichelt, auf jeden Fall bestimmt berufen, eine Auskunft zu geben, andererseits weiß man ja nie, wie sich eine Beziehung entwickelt. Die größte Angst hat der Empfehlungsgeber vor dem Szenario, dass der Verkäufer bei dem empfohlenen Kontakt schlecht ankommt. *„Wen hast Du mir denn da empfohlen? Der war ja unmöglich!"* Solche und ähnliche Befürchtungen sind der größte Hinderungsgrund, eine Empfehlung auszusprechen. Und um diese Vorstellung gar nicht erst entstehen zu lassen, können Sie als Verkäufer nur das tun, was sowieso alle von Ihnen erwarten: Seien Sie ehrlich, zuverlässig, hilfsbereit und offen. Wenn Sie das Ihrem Kunden bewiesen haben, kann er berechtigterweise auch annehmen, dass Sie sich anderen Kunden gegenüber auch so verhalten – das ist die Grundlage.

Wir persönlich halten nichts von ausgeklügelten Gesprächen, in denen der Kunde psychologisch auf das Geben von Empfehlungen vorbereitet wird und in denen dann mittels filigraner Techniken so lange Druck ausgeübt wird, bis er dann schließlich fünf Namen möglicher Interessenten nennt.

Fragen Sie am Ende jedes Gesprächs offen und direkt nach Empfehlungen

Wir denken eher, dass auch hier der einfache Weg der richtige Weg ist. Drei Fragen am Ende eines Gespräches reichen aus, um an Empfehlungen zu kommen. Und dabei ist es weder wichtig, was Sie verkaufen (vorausgesetzt Sie haben Ihre Leistung in ihren wesentlichen Elementen vorstellen können), noch ob der Kunde gekauft hat oder nicht. Auch jemand, der nicht gekauft hat, kann jemanden kennen, dem Ihre Leistung nützlich sein kann. Hier also die drei Fragen

- *„Wie hat Ihnen unser Gespräch gefallen?"*
- *„Glauben Sie, dass auch andere von dem Vorschlag, den ich Ihnen gemacht habe (von dem Produkt, das ich Ihnen vorgestellt habe), profitieren können?"*
- *„Wer fällt Ihnen dabei spontan ein?"*

Je selbstverständlicher Sie diese Fragen stellen, umso selbstverständlicher wird es Ihrem Gesprächspartner auch vorkommen. Wenn Ihr Kunde jetzt einen oder mehrere Namen nennt, ist es gut: Sie haben gewonnen und der Kunde hat nichts verloren. Nennt er aber keine Namen – was in der Regel vorkommt – ist es auch gut. Hier ist es dann entscheidend, sich für die Mitarbeit und das Verständnis des Kunden zu bedanken.

Und nun nennen Sie uns irgendein Spiel auf dieser Welt, bei dem es keinen Verlierer gibt. Der ganze Trick an der Sache ist, dass Sie diese drei Fragen einfach am Ende eines jeden Verkaufsgespräches stellen müssen. Und wir meinen: *jedes* Gespräch. Sie können nichts verlieren, wohl aber eine Menge gewinnen. Im besten Falle wird sich das Vertrauen (▶ **Tipp 37**), das Ihnen ein Empfehlungsgeber gegenüberbringt, als Vertrauensvorschuss auf viele neue Interssenten übertragen.

Nutzen Sie die Zufriedenheit bestehender Kunden, um Kontakte zu weiteren Interessenten zu bekommen?

Tipp 99 Unzufriedene Verkäufer können keine zufriedenen Kunden haben

Was auch immer Sie als Erfolg definieren, wo auch immer Sie erfolgreich sein möchten, wir ahnen schon tief im Inneren, dass es nicht gelingen kann, wenn wir nicht selbst „gut drauf" sind. Wir möchten hier nicht unreflektiert denen das Wort reden, die positives Denken als allein seligmachenden Faktor ansehen. Ganz bestimmt nicht. Die Welt wird nicht anders, weil Sie positiv denken. Der Rempler auf dem Parkplatz des Kunden von heute Vormittag und der vermeintlich schräge Blick der Sekretärin im Vorzimmer werden nicht ungeschehen, weil Sie positiv denken. So wird kein Schuh daraus.

Aber: Wenn Sie es der Beule in Ihrem Firmenwagen oder dem schrägen Blick gestatten, Ihnen den Tag zu vermiesen, ist absehbar, was dabei herauskommt: Mit einer negativen Grundeinstellung werden Sie schwerlich positive Ergebnisse erzielen. Es geht also darum, sich vor negativen Einflüssen zu schützen. Eine negative Sichtweise bringt Sie nicht weiter, sie wirkt weder motivierend noch erzeugt sie positive Energie, sondern teilt sich auch noch Ihren Kunden negativ mit.

Wenn Sie selbst sich keine Chance geben, mit sich zufrieden zu sein, wie soll es dann Ihr Kunde tun

Wenn Sie selbst sich keine Chance geben, mit sich zufrieden zu sein, wie soll es dann Ihr Kunde tun?

Anders herum kann aber eine positive Einstellung dazu führen, dass sich Ihr Denken und Handeln positiv gestaltet. Sie haben dann zwar immer noch keine Garantie dafür, dass nun alles klappt, aber Sie haben die Garantie, dass Sie sich nun nicht länger selbst Steine in den Weg legen.

Es ist erwiesen, dass Denken, Fühlen und Handeln sich gegenseitig beeinflussen. Und Sie können hier einen negativen Rückkopplungsmechanismus durchbrechen, wenn Sie mit dem richtig verstandenen „positiven Denken" anfangen.

Sorgen Sie für eine gute Lebensbalance

Sie können auch an anderen Stellen für eine gute Balance sorgen, die es Ihnen erst ermöglicht, überhaupt Erfolge zu erzielen und sie auch als solche wahrzunehmen. Und hier geht es diesmal ums Ganze, um Ihre Lebensbalance. Sie setzt sich grundsätzlich aus vier großen Bereichen zusammen:

- Körper und Gesundheit,
- Arbeit und Leistung,
- Familie und Kontakt sowie
- Sinn und Kultur.

Wer ein erfülltes Leben haben möchte, sollte darauf achten, dass diese Bereiche ausgewogen und in Balance sind – mehr nicht, aber auch nicht weniger.

Körper und Gesundheit

In den Bereich Körper und Gesundheit gehören Elemente wie Ernährung, Fitness, Erholung und Entspannung. Unser Körper funktioniert nur so lange, wie wir ihn auch fit halten. Er verzeiht uns schon sehr viel an Fehlverhalten, aber irgendwann ist selbst da einmal die Grenze erreicht. Einen Herzinfarkt bekommt man nicht einfach so, man muss schon einiges dafür tun: ungesunde Nahrung, viel Alkohol, viel Tabakkonsum, wenig körperliche Bewegung und vor allem permanenter Zeitmangel ist zu organisieren, damit es mit dem Infarkt auch klappt. Wer hingegen nicht so sehr an einem Infarkt interessiert ist, muss es nur umgekehrt machen. „Entstressen“ ist das Zauberwort. Loslassen können und sich um die wichtigen Dinge kümmern; das führt zu einem gesunden Lebenswandel und zu einem Körper, der es Ihnen erst möglich macht, viel Zeit auf unserer schönen Welt zu verbringen.

Arbeit und Leistung

Allerdings gehören auch Arbeit und Leistung zu einer positiven Lebensbalance. Ohne eine sinnvolle oder gar Sinn stiftende Tätigkeit, geht es auch nicht – jedenfalls nicht gut. Langeweile und damit verbundene Ersatzhandlungen, wie Fernsehen, Unsinn ausdenken und machen oder die Suche nach einem „Kick“ sind das Ergebnis. Alle Befriedung entsteht erst, nachdem wir uns angestrengt haben – vorher nicht. Wir empfinden Ergebnisse, die uns in den Schoß gefallen sind nicht eben als befriedigend, wir können sie nicht genießen. Suchen Sie sich also eine Tätigkeit, bei der Sie sich anstrengen müssen, bei der Sie die Chance haben, durch eigene Leistung etwas zu erreichen – und Ihre Zufriedenheit mehrt sich mit den Schwierigkeiten, die Sie gemeistert haben.

Soziale Einbindung

Der Mensch ist ein soziales Wesen. Es gehört zu unseren elementarsten Bedürfnissen, mit anderen Menschen zu tun zu haben, uns auszutauschen, angenommen und geliebt zu werden und auch mal zu streiten. Das macht uns als Mensch eben auch aus. Nur wenige sind dem Leben eines Eremiten zugetan, die meisten Menschen könnten es gar nicht führen. Die entscheidende Frage ist nur: Mit wem verbringe ich eigentlich diese Zeit? Mehrheitlich mit Menschen, die mir guttun, oder mehrheitlich mit Menschen, die mir nicht guttun? Sie haben die Wahl (jedenfalls meistens). Meiden Sie doch diejenigen, die Ihnen nur Zeit und Emotionen stehlen und suchen Sie die anderen auf. Sorgen Sie dafür, dass Sie ganz viele Menschen kennen, die es gut mit Ihnen meinen. Dazu gehören nicht nur Menschen, die Ihnen nach dem Munde reden, sondern gerade auch Menschen, die Anforderungen an Sie stellen (siehe Arbeit und Leistung). Auch hier gilt: Strengen Sie sich an – das Leben wird Sie belohnen!

Sinn und Kultur

Der letzte Punkt gilt dem Themenbereich Sinn und Kultur. Weitere Stichworte sind hier: Liebe, Erfüllung, Selbstverwirklichung und auch Sinn- und Zukunftsfragen aller Art. Jeder glaubt an etwas. Der eine an Gott, der andere an die Unteilbarkeit des Atoms, ein dritter an die Schönheit der Natur, ein vierter an das Wunder, das mit dem Entstehen von Leben zu tun hat. Der eine benötigt dazu die Kirche, der andere nicht. Jeder aber glaubt an etwas im Leben und jeder empfindet sich in einen Sinnzusammenhang eingebettet. Der Direktor des Museums für ostasiatische Kunst genauso wie der Punker oder der Rocker. Und alle haben auch Recht, denn Sinn und Kultur entstehen durch die Summe aller Denk- und Verhaltensweisen einer Gruppe. Und wir alle sind eingebunden in eine Gruppe von Menschen; hineingeboren, frei gewählt – einerlei! Wir sind Teil einer Gruppe. Und sich aktiv mit dieser Kultur und dem Sinn des eigenen Lebens auseinanderzusetzen, macht den letzten Teil der eigenen Lebensbalance aus. Und je mehr Sie sich mit dem Thema auseinandersetzen, umso mehr wird Ihnen auch bewusst, ob Sie der für Sie „richtigen" Gruppe angehören. Sie bestimmen es selbst, wenn Sie möchten!

Ihre Lebensbalance ist ein zerbrechliches Gut, handhaben Sie es bewusst und mit großer Umsicht.

Wer nicht für die eigenen Ziele arbeitet, arbeitet automatisch für die Ziele von anderen. Arbeiten Sie lieber für Ihre eigenen Ziele. Wenn Sie dann mit sich zufrieden sein können, werden es auch Ihre Kunden sein!

VERMITTELN SIE IHREN KUNDEN, DASS SIE MIT SICH UND IHREM LEISTUNGSANGEBOT ZUFRIEDEN SIND?

Literaturhinweise

- Cialdini, Robert B.: Die Psychologie des Überzeugens. Ein Lehrbuch für alle, die ihren Mitmenschen und sich selbst auf die Schliche kommen wollen. Bern, 2009
- Fisher, Roger; Ury, William; Patton, Bruce: Das Harvard-Konzept. Frankfurt, 2006
- Geffroy, Edgar: Das Einzige, was stört, ist der Kunde. München, 2002
- Häusel, Hans-Georg: Brain Script. München, 2006
- Merath, Stefan: Der Weg zum erfolgreichen Unternehmer. Offenbach, 2008
- Rackham, Neil: SPIN Selling, Surrey, 2007
- Rüegg-Stürm, Johannes: Das neue St. Galler Management-Modell. Bern, 2003
- Stoffel, Wolfgang: 99 Tipps für den erfolgreichen Verkauf, Berlin, 2005
- Tominaga, Minoru: Die kundenfeindliche Gesellschaft. Berlin, 1998

Quellenhinweis

SPIN und Huthwaite sind geschützte Markenzeichen der Huthwaite Research Group Limited, firmierend als Huthwaite International, und in zahlreichen Staaten weltweit registriert.

Wir möchten uns bei Huthwaite International bedanken, dass wir uns in diesem Buch auf ihre Forschung und ihr Erfolgsmodell (SPIN®) beziehen dürfen.

Auf Intellectual Property von Huthwaite haben wir uns in den folgenden Tipps bezogen: 62, 82, 85, 86 und 87.

Stichwortverzeichnis